AF313794

CONFÉRENCES PUBLIQUES

SUR

LES VERS A SOIE

PERNY-YAMA DE MONTBOYER

PERNYI DE LA CHINE ET **YAMA-MAÏ** DU JAPON

Angoulême, Imprimerie Charentaise de G. Chasseignac et Cⁱᵉ,
rempart Desaix, 26.

Salle des Conférences, boulevard des Capucines, 39
Et par permission spéciale du Ministre de l'Intérieur

CONFÉRENCES PUBLIQUES

SUR

LES VERS A SOIE

PERNY-YAMA DE MONTBOYER

PERNYI DE LA CHINE ET **YAMA-MAÏ** DU JAPON

Faites à Paris les 10 et 22 Février 1878

PAR

M. Gabriel BOURDIER

AVOCAT

Seul Acclimatateur de ces insectes sous nos latitudes

Lauréat du Royal Aquarium de Westminster London
et de la Société d'Acclimatation de France

Admis à l'Exposition universelle de 1878, pavillon de l'Agriculture française,
section de l'Insectologie de la Seine, classe 83, groupe VIII

GUIDE PRATIQUE ET ABSOLU DE CES ÉDUCATIONS

DEUXIÈME ÉDITION

Prix : 3 Francs.

On trouve ce volume chez l'auteur *seul*.
On reçoit FRANCO en adressant à M. BOURDIER, avocat, à Montboyer (Charente), un mandat-poste de 3 francs, prix du volume, et en joignant à cette somme les *frais* de port.

1878

PRÉFACE

J'offre cette brochure à la méditation de mon pays, et j'en recommande la lecture à nos malheureuses populations séricicoles du Vaucluse et de la Provence.

Ma patrie y trouvera le moyen de combler les déficits que causent à son budget ces terribles fléaux que la science ne pourra combattre, le Phylloxera et la Flacherie, et nos régions magnanières trouveront dans les préceptes que renferment ces quelques pages un moyen sûr de réparer leur ruine.

Un de nos grands filateurs du Vivarais,

M. Aubenas aîné, que je vis récemment à Paris, au ministère de l'agriculture, me suppliait, au nom de notre industrie lyonnaise, de publier mon secret de *régénérescence*. — S'il est efficace, me disait-il pour les œufs d'*Attacus,* il saura de même régénérer les œufs de *Mori.*

Je me garderai bien de suivre ce conseil, et cela pour un puissant motif :

Si, quant à présent, en effet, le magnanier *Mori* était en possession d'une méthode sûre pour bonifier les œufs dégénérés de ce bombyx, il recommencerait sur de nouveaux frais ces éducations qu'une routine séculaire a consacrées; je le mettrais à même de cultiver comme il l'a déjà fait un insecte qui ne peut au maximum lui donner que vingt-cinq pour cent de bénéfice, ce qui, à mes yeux, me semble complétement insuffisant, vu la peine et les frais de main-d'œuvre que ces éducations imposent à ceux qui les pratiquent.

En gardant pour moi seul mon secret, je consomme, il est vrai, la ruine du magnanier qui

n'abandonne au plus vite la pratique de *la sélection académique Pasteur;* mais si cet agriculteur
laisse le *Mori* pour l'*Attacus,* je lui apporte mille
pour cent de bénéfices !

GABRIEL BOURDIER,

Avocat.

Pour tous renseignements se référant aux côtés
agricole et industriel de cette nouvelle industrie,
visite de nos machines brevetées, heures de leur
fonctionnement en public, etc., etc., s'adresser à
notre représentant à Paris, M. MÉRESSE, ingénieur,
5, rue de Châteaudun.

CONFÉRENCE DU 10 FÉVRIER 1878

MESDAMES, MESSIEURS,

Avant que de suivre dans ses détails l'étude entomologique qui fait l'objet de cette conférence, qu'il me soit permis de remercier avec effusion l'honorable et nombreuse assistance qui a bien voulu répondre à mon appel, comme aussi de solliciter de sa part un léger bénéfice de circonstances atténuantes si, parfois, au cours de cette séance, il m'arrive de parler de moi. Je le sais aussi bien que personne, le *moi* d'où qu'il vienne est fastidieux ; et cependant *l'insecte que vous avez sous les yeux est bien ma créature ;* il me doit son origine, et, jusqu'à nouvel ordre, sa reproduction indéfinie ne saura dépendre que de *moi seul*.

L'insecte sétifère que j'ai l'honneur de vous soumettre, et que j'ai moi-même dénommé PERNY-YAMA *de Montboyer,* voulant ainsi lui conserver sa double origine d'auteur et de lieu de création, dérive comme mère du PERNYI *de la Chine* et comme père du séricigène japonais YAMA-MAÏ. Les chenilles vivantes que vous avez sous les yeux sont sorties de l'œuf au 13 août dernier, et nous sommes au 10 février : ces larves comptent donc six mois pleins d'existence !... Fait étrange, insolite, et qui prouve la merveilleuse rusticité de cet insecte, en même temps que son inexplicable longévité ! Car, jusqu'à ce jour, il était admis en entomologie qu'après quatre-vingt-dix jours d'existence, les insectes chenilles se transformaient ou s'endormaient, mais du moins cessaient de manger. — Cette larve a pu sans doute avoir des intermittences dans des jours trop froids ; mais aussitôt que le centigrade remontait à 4 degrés, on la pouvait voir se désengourdir et reprendre son repas interrompu. Je dis plus, sa rusticité est si grande qu'elle mange indifféremment des feuilles sèches ou vertes, et, d'un peu plus, je me demanderais presque si même elle ne pourrait pas au besoin vivre sans manger. Je vois ici des membres de la Société d'Acclimatation ; je leur avais confié au siége de la socіété, rue de Lille, 19, les chenilles et le rameau de chêne que vous avez sous les yeux. L'une de ces larves, *celle-ci,* je crois, s'était égarée dans les bureaux de l'administration ; quatre jours plus tard, un garçon la retrouvait dans une chambre contiguë. Le directeur du *Petit Journal* m'exprima le désir d'avoir une de mes chenilles pour savoir si elle voudrait manger du chêne-vert dont le département du Vaucluse est abondamment fourni. Je lui apportai, rue de Lafayette, la chenille qu'on avait retrouvée rue de Lille ; elle ne voulut point manger le chêne-vert, et après trois nouveaux jours de jeûne, M. Escoffier me la remit. *La voici,* et j'ai l'assurance que les témoins de cette curieuse expérience, témoins que je vois tous parmi mes honorables auditeurs, ne me démentiront pas.

Ce ver à soie s'accommode indifféremment du froid et de la chaleur ; outre son immense avenir agricole, il est aussi un insecte d'amateur et de salon, et les différentes phases que cette larve traverse dans son existence offrent à son observateur des études pleines de charmes.

Insecte bi-voltin, c'est-à-dire fournissant deux récoltes par année, il se rapproche sous ce rapport de sa mère, le PERNYI. Il a sur elle le double avantage suivant : il est d'abord beaucoup plus rustique ; la chenille PERNYI tombe à terre et se raccornit quand le thermomètre descend à deux degrés centigrades, tandis que le PERNY-YAMA se cramponne d'autant plus désespérément à sa branche que le froid est plus intense. En second lieu, outre que le fil soyeux de son cocon est, à mes yeux, beaucoup plus lustré que celui du Pernyi, il est aussi de beaucoup plus long. La longueur totale de son fil, en effet, peut atteindre jusqu'à treize et quatorze cents mètres ; celle du cocon Pernyi dépasse à peine onze cents mètres.

Il a sur son père l'immense avantage de fournir deux récoltes par année, tandis que celui-ci n'en peut donner qu'une.

D'aucuns prétendent que la soie Yama-Maï est d'une qualité hors ligne. Si je n'hésite pas à déclarer que celle du Pernyi lui est de beaucoup inférieure, j'avoue que je me sens fort embarrassé lorsque je me trouve en présence d'un écheveau teint Perny-Yama ou Yama-Maï : le fil comme force est le même, et le brillant naturel après décreusage est identique chez les produits de l'un et de l'autre.

En tout cas, ce que je maintiens, c'est que, dans une exploitation agricole, l'éducateur doit avant tout rechercher le plus grand profit, uni à la plus grande économie de main-d'œuvre. Le produit Yama-Maï, fût-il supérieur en qualité à celui du Perny-Yama, ce dont, au reste, j'attends la justification, celui-ci, par sa *bi-voltinité,* lui devrait être préféré. De même encore je n'hésite pas à donner sur l'Yama-Maï la palme agricole au Pernyi même, parce que, malgré l'infériorité notoire des produits de ce sérici-gène, je pense à bon droit que pour l'agriculteur le rendement doit primer la qualité.

Je vais entrer, dès lors, dans l'examen comparatif de ce que l'on est convenu d'appeler en entomologie la *bi-voltinité* et l'*uni-voltinité*.

En prenant pour base une période de deux années, l'insecte bi-voltin donnera sur l'uni-voltin la proportion suivante comme produits en quantité :

Que l'on opère sur PERNYI ou sur PERNY-YAMA, un lot de semence de dix mille œufs venant à éclore au 30 avril 1878 donnera, au 15 juin, dix mille cocons. Ces derniers, qui ne garderont que pendant un mois leur chrysalide incubante, sortiront à papillon vers le 15 juillet ; ceux-ci, s'accouplant d'eux-mêmes, pondront des œufs qui constitueront la génération dite d'automne ; or, chaque couple fournissant en moyenne 230 œufs, cette génération viendra s'asseoir sur une semence de UN MILLION d'œufs, qui donneront à l'éducateur, au 1er octobre, un million de cocons.

Ces cocons garderont tout l'hiver leurs chrysalides dormantes ; et celles-ci, n'en sortant papillon qu'aux premiers beaux jours d'avril, donneront une troisième génération de cent millions d'œufs ; au 15 juin suivant, cent millions de cocons ; au 1er octobre 1879, dix milliards de cocons. Et ces chiffres sont au-dessous de la vérité !...

Si nous raisonnons par comparaison sur l'insecte uni-voltin, l'YAMA-MAÏ par exemple, — en prenant pour base la même période et le même lot de semence primitive, — dix mille œufs Yama-Maï venant à éclore au 25 avril 1878 donneront en juillet dix mille cocons ; lesquels, sortant à papillon au 15 août, pondront UN MILLION d'œufs. Mais ces derniers passeront l'hiver pour n'éclore qu'au 25 avril 1879 et donner au 15 juillet suivant un million de cocons seulement.

Dans une même période, le bi-voltin donne dix milliards de cocons, tandis que l'uni-voltin n'en donne qu'un million !... Il faudrait, à mes yeux, que la supériorité des produits de cet insecte fût bien incontestablement établie pour que son éducation pût avoir quelque chance de supplanter celle de ses congénères.

J'aurais voulu pouvoir écarter de cette conférence la question de chiffres, toujours ingrate à traiter ; mais j'en aurai fini avec elle lorsque, par comparaison des quatre sétifères dont vous avez sous les yeux des écheveaux filés à un seul fil, j'aurai démontré que si le fil *Attacus* peut rivaliser comme lustre et brillant avec le fil du ver à soie mûrier, ce dont vous pouvez vous-mêmes vous convaincre en jetant un seul regard sur ces écheveaux décreusés, il a sur ce dernier insecte d'immenses avantages !

Comme longueur de fil, le cocon d'*Attacus* fournit en moyenne de onze à quatorze cents mètres ; — le cocon du bombyx *Mori* ne peut atteindre que huit cents mètres. Celui-là possède en plus que celui-ci la force et la solidité.

L'expérience, au surplus, s'en peut faire à peu de frais. Cette clé pèse dix-huit grammes ; elle est sans peine supportée par le fil des trois *Attacus,* et le fil *Mori* casse, même en *droit fil,* à neuf, dix grammes au plus (1).

L'Attacus résistera à une triple torsion d'organsins ; le *Mori* fléchira à la première, cassera à la seconde. Les étoffes de celui-là à trois, quatre fils

____

(1) Pause d'expérience.

seront inusables ; celles du Mori à six, sept fils s'altéreront rapidement.

Comme éducation enfin, l'Attacus, ou ver à soie du chêne à gland, s'élève de lui-même en plein air, sans soins ni dépenses ; il est ainsi que nos chenilles malfaisantes l'hôte naturel de nos bois ; je dis plus, je tiens pour acquis que cet insecte chasse ces dernières, auxquelles il livre des combats acharnés.

Il est encore le régénérateur de nos forêts, car les chênes qu'il dévore se recouvrent trois fois par an de feuilles d'autant plus larges qu'il les a plus de fois dévorées ; il ne mange, en effet, la feuille que jusqu'à la naissance de l'œil dormant, qui, un mois plus tard, sous l'action de la sève que l'Attacus en mangeant la feuille refoule dans la brindille, se développera lui-même pour fournir à son tour une nouvelle et luxuriante végétation.

Le ver à soie du mûrier peut-il offrir les mêmes avantages d'économie dans son éducation ? — Il ne faut pas avoir visité deux fois une magnanerie de quelque importance pour se bien pénétrer des frais de main-d'œuvre qu'elle implique. Tout magnanier doit au préalable solder ces frais qui sont considérables, dans lesquels je n'ai pas à entrer, mais que l'on peut évaluer à 75 pour cent du chiffre rond d'affaires annuelles !... Qu'arrive-t-il, dès lors, si la FLACHERIE, ce terrible fléau que M. de Quatrefages appelait, dans une séance de l'Académie restée célèbre : « LE CHOLÉRA DU MORI », si la FLACHERIE vient à sévir dans le local d'exploitation ?... — Il arrive que sous deux années le magnanier est absolument ruiné !...

Et que M. Pasteur, de l'Institut, ne s'illusionne pas !
Il n'a pas plus trouvé par son procédé de *sélection
microscopique* un antidote contre la flacherie, que
M. Dumas, autre académicien, n'en a trouvé un
contre le phylloxera dans son sulfo-carbonate de
potasse. La vérité, l'exacte et triste vérité, c'est que,
malgré M. Pasteur comme malgré M. Dumas, cette
double industrie est perdue, perdue pour jamais !... Le
magnanier, j'en ai dans ces lettres des preuves sura-
bondantes, va mettre ses mûriers racines en l'air,
comme le viticulteur va supprimer ses vignobles...
La contre-partie de ce double désastre est celle-ci :
le filateur envoie quérir à Canton, Yoko-Hama ou
Vigo les cocons de *Mori* disponibles et tient en défaveur notre industrie française d'éducation, de même
que cet autre industriel que l'on appelle le marchand
de vin fuschine ses produits marchands et laisse dans
les chaix du pauvre viticulteur, qui cependant paie
l'impôt, le peu de vin que ce malheureux a eu tant
de peine à sauver du naufrage !

... Il me souvient que lors de mes débuts dans
ces éducations je m'adressai à l'un de nos filateurs
français en vogue... Or, voici ce que m'écrivait, en
date du 22 juin 1874, M. Coren, filateur à Sâlon
(Bouches-du-Rhône) :

« Je vous adresse ci-inclus deux écheveaux de soie que j'ai
« obtenus des quelques cocons Yama-Maï que vous m'avez
« envoyés.

« Pour vous donner une idée de la valeur de ces produits, il
« faudrait opérer sur quelques kilogrammes, de manière à filer
« au moins un kilo de soie ; alors, en comptant la matière
« première, la main-d'œuvre et l'offre faite par le fabricant

« d'étoffes, je pourrais vous donner exactement le prix que
« peut valoir ce produit.

« La soie que je vous adresse est autant que possible filée à
« deux cocons seulement ; malgré cela, cependant, elle titre
« très ferme, et l'étoffe que ce fil peut produire devra nécessai-
« rement se rapprocher des taffetas de Chine à titre ferme. »

Je m'empressai de donner à ce nom de filateur
intelligent la plus vaste notoriété. Presque tous ses
confrères en tissage s'étaient refusés même à jeter
les yeux sur ces modestes produits, et M. Coren,
l'une des meilleures marques du Midi, opinait que
le fil *Attacus* devrait se rapprocher du taffetas de
Chine à titre ferme ! — La presse française, la presse
européenne, je puis le dire, jetèrent ce nom aux échos
du monde entier.

... A cette époque, M. Coren ne soupçonnait pas
qu'un jour viendrait, jour prochain, où MM. Jassaud,
du Var ; Berenguier, de la Garde-Freinet ; Philipp
Fabre et Cⁱᵉ, de Grimaud ; Molière, d'Aubenas ; les plus
grands sériciculteurs français, en un mot, se tour-
neraient, en désespoir de cause, vers l'*Attacus,* pour
échapper à la ruine imminente que le *Mori* leur
offrait ; aussi, dans une lettre ultérieure, M. Coren
voulut-il me prouver que lui aussi n'était qu'un
simple industriel : « Pourquoi, m'y disait-il, file-
« rions-nous l'*Attacus?* Le travail est le même que
« pour le *Mori,* et le produit, moins beau, est moins
« coté. »

M. Coren oublie, sans doute, qu'un bon tisserand
fait du droguet comme de la toile ; il a de plus que
celui-ci le triste privilége d'asseoir le chiffre de ses
affaires sur la ruine de ceux qui lui fournissent la

matière première... Eh bien ! qu'il me soit permis de le dire à M. Coren : le temps approche où ceux-ci primeront ceux-là. J'ai trouvé le filateur que je cherchais ; nous laisserons à M. Coren ses étoffes à 25 fr. le mètre ainsi que ses clientes attardées de la haute finance, mais nous encombrerons le marché séricicole d'étoffes à 4, 5, 6 fr. le mètre. Nous aurons les petites bourses, et ce sont elles encore qui font la grande industrie !

Je vais plus loin : MM. Coren et consorts n'auront que ce que nous voudrons bien leur laisser. Je n'ai pas de brevets parce que je n'en ai pas voulu prendre, mais je saurai toujours, à un cocon près, le succès effectif de mes correspondants éducateurs. Tous sont, du reste, à cet égard, pleinement renseignés ; ils se garderont bien d'innover dans ces éducations ; ils ont constamment fait ainsi que je leur ai dit de faire, et le plus large succès les a toujours secondés.

Un seul d'entre eux, et celui-là est un savant pour lequel je professe, au surplus, la plus sincère estime, le docteur Mongrand, chirurgien de marine, correspondant de l'Institut, officier de la Légion d'honneur, ne voulut pas se soumettre à cette sorte de contrôle que je lui imposais à lui comme aux autres ; j'ai pu lui prédire à jour fixe un échec absolu.

Ces insectes exotiques n'ont, en effet, sous nos latitudes qu'une acclimatation incomplète ; la dégénérescence se fait chez eux rapidement sentir ; elle fut toujours chez mes devanciers l'échec redoutable auquel ils n'échappèrent aucun. Je suis après six années de travail et d'études de tous les instants parvenu à paralyser les effets de cet affaiblissement que tous nos savants avaient constaté, mais contre lequel ils n'avaient pu lutter.

Dois-je m'en faire un titre de glorieux mérite ? Mes visées ne vont pas jusque-là. Le hasard seul m'a en cela favorisé, et aussi, à moins que ce même hasard en favorise un autre, je garderai pour moi seul mon secret !

Mes correspondants se soumettent sans mot dire à cette sorte d'inquisition que j'exerce sur eux ; tous les ans, ils m'adressent leur lot de graine d'éducation ou de vente, et je la leur renvoie complétement régénérée. Les incubations chimiques que je fais subir à leurs œufs leur assurent un succès permanent, comme aussi leur propre intérêt est de me réserver le monopole de leurs produits...

M. Coren était à même de partager avec moi ce monopole ; il ne l'a pas voulu, un autre en a profité. Et si j'éprouve en cela quelque regret, me rappelant les bonnes relations que j'eus en leur temps avec M. Coren, j'ai sous d'autres rapports largement trouvé mon compte.

Je parlais à l'instant du docteur Mongrand. Son exemple, à défaut de mes affirmations, aurait pu éclairer mes correspondants sur cette loi fatale de la dégénérescence !

J'avais donné à cet éminent entomologiste un petit lot de graines PERNYI en août 1874. Je lui avais fourni par lettres tous renseignements pour mener à bien ces éducations, ainsi que je l'ai du reste constamment fait pour tous mes élèves, riches ou pauvres. Les objections de M. Mongrand forment

un véritable volume. Il en arriva cependant à ob-
server strictement toutes les données que je lui
avais prescrites, toutes, sauf une seule, et celle-là,
la plus assujettissante comme aussi la plus indispensable de toutes, me permit, ai-je dit, de lui prédire
à jour fixe un échec total.

Le docteur Mongrand se refusait à croire que mes
œufs ne valussent pas les siens; il se garda bien,
dès lors, de pratiquer avec moi l'échange que je lui
conseillais, échange, au surplus, et pour lui et pour
tous, essentiellement gratuit de ma part.

Cet échange annuel que je conseille à mes correspondants n'est point du reste absolu; pour celui qui
le pratique chaque année, c'est sans doute un avantage immense, car mon co-échangiste peut à son
tour prendre les mêmes engagements vis-à-vis de
ses sous-traitants et leur assurer ainsi, en joignant
leurs graines à son propre lot d'échange, les mêmes
avantages que moi-même je le pourrais faire; mais
je n'hésite pas à affirmer que tout éducateur qui
s'en tiendra à l'éducation stricte de ses œufs de récolte, sans en vendre, sans en acheter, pourra pendant deux, même trois années, constater de conve-
nables résultats. C'est ce qui arriva au docteur
Mongrand; aussi m'écrivait-il au 25 août 1877 qu'il
avait des PERNYI par milliers, autant d'YAMA-MAÏ, me
priant de placer les œufs qu'il comptait en avoir, et
qu'il évaluait prématurément à des centaines de
grammes.

Je lui répondis au 3 septembre dernier : « N'es-
« comptez pas l'avenir; je tiens pour assuré que vous
« n'aurez pas un seul œuf à vendre l'an prochain. »

Et je lis du docteur Mongrand, dans une lettre qu'il m'adressait en date du 18 novembre 1877, ces quelques lignes :

« J'avais reçu votre lettre du 3 septembre, et comme tou-
« jours je l'ai lue avec plaisir, malgré nos divergences d'opi-
« nions. J'ai souri en vous entendant me dire sans autres
« commentaires : « Du reste, d'après les termes de votre lettre,
« je tiens pour assuré que vous n'aurez pas un seul œuf à
« vendre l'an prochain. » — Il en a été ainsi que vous le
« pensiez ; mes deux mille cinq cents vers ont fondu peu à
« peu ; à la quatrième mue, ils étaient devenus fort rares, et en
« fait de cocons je n'en ai récolté qu'un *seul !...* »

M. Mongrand cherche à expliquer ensuite son échec, qui vient si bien servir ma cause ; il donne aux insectivores une large part dans son insuccès, il met sur le compte de la température le surplus :

« Les oiseaux, me dit-il plus loin, m'en ont bien mangé la
« moitié, et les gelées blanches que nous avons eues dans la
« première quinzaine d'octobre ont achevé l'œuvre. Il a dû en
« être de même *chez vous,* et j'ai lieu de croire que vous êtes
« dans le même cas que moi. »

Je m'empressai d'adresser au docteur Mongrand un numéro du journal *le Salut public,* de Lyon, qui annonçait que je mettais en vente *mille* grammes d'œufs *Pernyi,* et je ne lui cachai point que parmi tous mes correspondants il était seul à constater un insuccès.

Le docteur Mongrand élevait ses œufs de récolte depuis 1874 ; la dégénérescence chez le bi-voltin étant plus rapide que chez l'uni-voltin, il devait forcément avoir des œufs dégénérés dès 1876. Si malgré cela cet éducateur est arrivé à pouvoir prolonger ses éducations jusqu'en octobre 1877, ce qui constituait à son actif sept générations successives, c'est parce que M. Mongrand est un homme consciencieux, un observateur de tous les instants, un homme de science, enfin, dans toute l'acception du mot. Mais il a échoué, car il devait fatalement échouer.

Je vais plus loin : le docteur Mongrand eût eu des cocons par milliers, les chrysalides fussent mortes dans le cocon; ces mêmes chrysalides fussent-elles sorties à papillon, les œufs de ces derniers ne fussent jamais éclos. Et pour le bien convaincre de cette loi inéluctable de la dégénérescence, je pourrais renvoyer le docteur Mongrand aux mémoires du célèbre jardinier du roi-soleil, notre compatriote à tous les deux, le marquis de Laquintinie, dont les descendants habitent encore la petite ville charentaise de Confolens. Le noble jardinier de Trianon se demandait pourquoi des légumes et des navets qu'on lui apportait de l'autre hémisphère prospéraient à Versailles pendant une ou deux années et périssaient à bref délai. — Et cependant, disait-il, les graines ont été semées de la même façon, dans le même terrain, et les soins donnés ont été les mêmes !

Laquintinie subissait sans en deviner la cause les effets de la dégénérescence, et le docteur Mongrand, le maréchal Vaillant, Guérin-Menneville, Personnat ont refait pour l'*Attacus* l'histoire des navets de Laquintinie! Les sommités scientifiques de la France et de l'Europe ont échoué; elles l'avouent du reste avec une entière bonne foi; si je n'ai pas sous les yeux les écrits des savants qui se sont

essayés dans ces éducations, j'ai, du moins, dans la
correspondance Mongrand le reflet de leurs impres-
sions.

Dans le début, enthousiasme proportionné à la
réussite. Le docteur Mongrand a eu deux bonnes récoltes en Pernyi, tout va bien !

« Je vois, m'écrit-il, que vous êtes dans la bonne voie, et vous
« avez frappé à la bonne porte pour faire patronner votre en-
« treprise ! Il faut que cela ait été jugé bien sérieux pour que
« le directeur du Jardin d'Acclimatation soit lui-même allé
« dans le Var pour surveiller vos élèves ! Allons ! bon cou-
« rage ! L'entreprise est belle et vaut bien la peine que vous
« vous donnez pour lutter contre les difficultés, sans compter
« les jalousies ! »

Puis la dégénérescence vient compromettre la
réussite des beaux projets du début ; beaucoup de
chrysalides meurent dans leurs cocons ; il y a des
pontes infécondes, des œufs fécondés qui n'éclosent
pas! Oh! alors on tombe d'autant plus bas que na-
guère on s'élevait plus haut ; et, comme dernière
citation, il me reste à vous soumettre ces quelques
lignes où l'éducateur attristé se montre absolument
découragé.

Je lisais, en effet, du docteur Mongrand la lettre
suivante au 7 avril 1877 :

« Il y a plusieurs jours que j'avais la tentation de vous
« écrire ; j'hésitais à le faire parce que je n'avais rien d'a-
« gréable à vous dire touchant vos occupations favorites,
« loin de là. »

Puis le docteur Mongrand raconte dans tous leurs
détails ses échecs ; il entasse chiffres sur chiffres, et

enfin la conclusion de cette lettre désespérée est celle-ci :

« Je ne sais, cher monsieur, si vous ne m'en voudrez pas
« de vous donner un pareil coup de massue et d'éteindre tous
« vos rêves brillants au moment où vous vous croyez si près
« du but ; je me suis fait un devoir de vous dire mon opinion
« actuelle, et je pense que cette fois-ci, du moins, vous ne la
« réfuterez pas.

« La question est donc définitivement et irrévocablement
« jugée pour moi, et je tiens en réserve pour l'avenir le tra-
« vail que je publierai dans le journal *l'Acclimatation. Il est
« temps d'en finir avec cette mauvaise plaisanterie des vers à
« soie du chêne!* J'ai eu deux médailles pour avoir élevé ces
« vers ; j'aurai la grande médaille d'or pour avoir prouvé qu'il
« faut renoncer à jamais à cette illusion que caressent tant de
« personnes. »

Le docteur Mongrand n'a point encore publié son travail; mais M. Bigot, de Pontoise, un autre séri-
culteur malheureux, s'était, de son côté, promis d'instruire le public de ses échecs malencontreux. Je tends la main au docteur Mongrand et nos divergences profondes ne troubleront point nos rapports amicaux; mais ce qui peut me surprendre, c'est que lorsque M. Geoffroy Saint-Hilaire lui-même me de-
mande, par lettre en date du 17 novembre 1876, un manuscrit détaillé sur ma méthode d'éducation et une narration exacte des faits par moi observés dans la conduite agricole de mon hybride PERNY-YAMA; lorsque, dans une seconde lettre du 7 décembre suivant, le même M. Geoffroy Saint-Hilaire me dit que ce manuscrit sera inséré dans le *Bulletin* de janvier ; ce qui me surprend, dis-je, c'est que M. Bigot

se trouve à point nommé, dans le *Bulletin* de février 1877, revendiquer la priorité de création du Perny-Yama, et prenant exactement le contre-pied de mes affirmations concernant l'Yama-Maï et le Pernyi, déclarer que ces éducations sont en tous points ruineuses, tandis que mon propre manuscrit dormait encore au 25 janvier dernier dans les cartons de la Société d'Acclimatation !

Oh! M. Geoffroy Saint-Hilaire sait que je ne lui en veux pas! Il m'a écrit depuis qu'il n'avait aucune volonté à imposer pour la rédaction de ce bulletin, et, malgré sa promesse qu'il m'avait faite au 17 novembre 1876, je n'ai point voulu me prévaloir de sa signature pour exiger du comité de publication cette insertion promise! Je me suis contenté pour ma simple défense, alors que M. Jules Grisard me montrait un tableau renfermant des papillons et des cocons sous l'étiquette *Perny-Yama,* tableau qui, au dire de cet agent général de la société, émanait de M. Bigot ou de M. Berce, je me suis contenté de montrer les cocons de mon insecte, et le bureau de la société n'a pu s'empêcher d'avouer qu'en effet mon produit n'était pas celui de ce tableau.

Alors, sortant de ma poche un autre cocon, je le montrai à ces messieurs, et tout le monde tomba d'accord : ce cocon nouveau était bien celui du tableau. Or, j'affirme que les cocons et papillons insérés dans le tableau entomologique qui me fut présenté à la Société d'Acclimatation sont de simples cocons et papillons printaniers *Pernyi!*

Tous les hommes de la science ont échoué dans ces éducations ; et, par contre, je pourrais vous lire les renseignements que m'ont apportés de la France comme de l'étranger mes correspondants grands ou petits, avec la signature légalisée de tous les visiteurs de leurs locaux d'exploitation; vous allez vous-mêmes les avoir entre les mains (1). Le succès chez eux ne s'est jamais démenti; certains même en sont rendus à tenter des essais vraiment agricoles... Mais j'ai hâte d'en arriver à l'historique même de la question.

L'introduction en France du ver à soie sauvage de la Chine est due à l'un de nos missionnaires français, M. de Perny... Je laisse à cet égard la parole à notre savant entomologiste Guérin-Menneville :

« Je lui ai imposé, dit-il, le nom de Pernyi pour perpétuer
« le souvenir de l'homme plein de zèle pour le bien de son
« pays qui lui a donné ce nouveau producteur de soie. Ces
« sortes de dédicaces, » ajoute Guérin-Menneville, « con-
« servent à jamais la mémoire des hommes qui se sont rendus
« utiles à l'humanité ; elles sont plus durables que les mo-
« numents de pierre et de bronze !... »

Mais ce que n'avait pu dire Mgr de *Perny* et ce que n'a pas su trouver Guérin-Menneville, c'est que cet insecte, qui dans son pays d'origine, le nord

(1) A ce moment le secrétaire du conférencier fait circuler un certain nombre de feuillets, en tête desquels se trouvent ces quelques lignes : « Nous soussignés, certifions avoir vu « chez M. X... des vers à soie qu'il nous a présentés comme « étant des insectes du Japon et de la Chine ; nous les avons « observés jour par jour, et déclarons qu'ils s'élèvent en plein « air comme les simples chenilles de nos bois. » — Suivent les signatures et les cachets des mairies à titre de légalisation. Une pièce émanant d'une académie allemande intéresse vivement les auditeurs.

de la Chine, n'a qu'une seule génération annuelle,
parce que les beaux jours dans ces régions lointaines
ne sont pas assez nombreux pour que ses qualités
bi-voltines s'y puissent développer, ne peut sous nos
latitudes mêmes fournir qu'une bi-voltinité incomplète. Guérin-Menneville n'a donc jamais pu obtenir en France qu'une seule génération annuelle en
Pernyi, et il a fini par déclarer, avec son élève et
collaborateur Camille Personnat, que cet insecte,
malheureusement, n'était pas chez nous susceptible
d'acclimatation !

Il faut, en effet, presser les éclosions printanières
des chrysalides hivernantes par des moyens factices
que je n'ai pas à définir quant à présent ; la deuxième
génération se termine alors avant les premiers froids
d'arrière-saison ; sans cette précaution indispensable,
les gelées de la Toussaint anéantiront tout.

L'histoire de l'introduction en Europe du sétifère
japonais YAMA-MAÏ a son côté dramatique et poignant.
Elle est, en effet, le résultat d'un vol, et le voleur,
c'est M. Geffroy, notre consul français en 1861 à
Nagasaki... — Je m'explique, Messieurs : ce vol de
1861 va donner au pays qui saura saisir à temps ce
monopole *cinq cents millions* de rente à son budget (1). Les produits de cet insecte, en effet, consti-
tuaient l'actif le plus net de la couronne du Japon ;
les œufs de ce précieux ver à soie étaient confiés à
titre de cheptel de fer à des indigènes, et il y avait
peine de mort contre quiconque en livrerait à l'étran-

____

(1) Voir *infra* la reproduction de la lettre publiée, en date
du 17 mars 1878, par le journal *le Propagateur de l'Industrie*.

ger!... Un enfant de huit ans, qui suivait l'école française de Nagasaki, sur l'ordre de M. Geffroy, en vola une livre à son père !

Notre chargé d'affaires fit de ce précieux butin trois lots : l'un revint au gouvernement français, l'autre à la Suède, le troisième, je crois, à la Hollande ou à la Prusse.

Or, voyez vous-mêmes, je n'ose dire l'intelligence, mais le merveilleux instinct de ce précieux insecte ; Le lot qui nous fut remis en France arriva aux mains du directeur de notre Jardin des Plantes. On n'ignorait pas seulement les principes d'hygiène qui pouvaient convenir à ce séricigène ; on ne savait même pas ce dont ces larves se nourrissaient. — Fort embarrassée, la direction du Jardin des Plantes se décida à mettre ces œufs dans une assiette qui fut déposée au milieu de la serre du jardin... Ces petites chenilles ne se sont trompées ni de direction, ni d'arbre, et, le lendemain, elles étaient attablées sur les branches d'un chêne japonais qui était dans l'angle de la serre.

L'Yama-Maï lui-même était venu au secours de son éducateur ; mais celui-ci ne sut pas, en retour, deviner ses besoins. La larve de ce sétifère veut l'humidité, la fraîcheur, la rosée matinale, les ouragans même ; elle languit et crève dans une serre chauffée, dans un appartement. Or, sa respiration cutanée ne se produisait pas à l'aise dans la serre du Jardin des Plantes, au contact des émanations morbides des fleurs et arbustes qui s'y trouvaient cloîtrés...

De ce premier lot il ne s'échappa qu'une chenille, qu'un cocon ; il en sortit un papillon femelle.

De son côté, Guérin-Menneville avait obtenu à Vincennes un papillon mâle ; on put donc l'année suivante recommencer les expériences sur de nouveaux frais.

... Les années se suivaient et le succès secondait peu les efforts des acclimatateurs. Le lot de semence ne grossissait pas, car on persistait à tenir ces pauvres chenilles en charte privée, comme s'il se fût agi du bombyx mûrier. En 1865, cette graine était introuvable, juste au moment où un guide pratique nous arrivait du Japon, toujours par les soins de M. Geffroy.

On fit en France un léger emprunt au gouvernement suédois, qui possédait encore quelques graines du lot de 1861 ; mais il arriva, ce qui du reste souvent arrive, que le guide pratique japonais, excellent au Japon, n'avait en France aucune raison d'être, et voici pourquoi : les trois îles du Japon sont, pendant tout l'été, inondées de rosées salines matinales dont nos régions sont en juin et juillet complétement privées. L'YAMA-MAÏ, en France, exige des arrosages fréquents et abondants lorsque le thermomètre accuse 30 degrés centigrades ; il n'en a pas besoin au Japon ; dès lors, le guide pratique japonais n'avait pas à mentionner ces arrosages.

Nouvel échec en France, où décidément l'YAMA-MAÏ était en pleine défaveur.

Or, il advint qu'un certain baron autrichien, M. de Bretton, je crois, se trouva cette même année avoir eu en YAMA-MAÏ une récolte dont la presse autrichienne fit grand bruit ; il mettait en vente un lot de trente à quarante grammes d'œufs ! Tout le monde crut que l'honorable baron avait enfin trouvé la clé de ces éducations !

Le maréchal Vaillant, auquel revient l'honneur d'avoir découvert ce besoin d'humidité chez l'Yama-Maï, s'était fait rendre un compte détaillé de l'éducation du baron de Bretton ; il s'aperçut bien vite que le prétendu succès de cet éducateur devait en grande partie sa raison d'être aux pluies presque continues qui avaient, cette même année, signalé en Autriche les mois de juin et de juillet. — L'année suivante, il y fit une chaleur torride, et le *Bulletin de la Société d'Acclimatation* qui, six mois avant, chantait la gloire du baron de Bretton, publiait à son sujet ces lignes tristes et laconiques : « Cette année 1866, M. de Bretton n'a pu sauver un seul Yama-Maï. »

Pernyi, Yama-Maï et Perny-Yama sont aujourd'hui, je le déclare, absolument acclimatés en France, sous les réserves que j'ai précédemment formulées au sujet de leur régénérescence ; et ce n'est pas seulement chez moi que ces éducations ont réussi, les diverses attestations que vous avez eues sous les yeux sont autant de preuves irrécusables que ces insectes peuvent sous nos latitudes servir de point de départ à une nouvelle ère de prospérité agricole et industrielle pour notre pays. Je n'ai donc plus, Messieurs, qu'à vous dire ce que j'ai fait pour réserver à ma patrie ce puissant levier de fortune publique.

Au 3 septembre 1876, j'adressai à l'Institut de France un long rapport où j'énumérais les résultats acquis, et notre première académie, dans sa séance du 13 octobre 1876, en renvoyait l'examen à sa commission entomologique... — Voici la lettre à entête officielle que je reçus en date du 16 octobre ; elle est signée Dumas, secrétaire perpétuel de l'Académie des sciences (1)...

Or, depuis cette signification, que j'avais tout lieu de croire sérieuse, j'adressai, soit à l'un, soit à l'autre de ces hauts délégués, des lettres, des chenilles, des papillons, des écheveaux de soie ; mes lettres restèrent sans réponse et mes envois n'obtinrent aucun accusé de réception. Je m'adressai à M. Dumas enfin ! M. Dumas ne me répondit pas. J'allai le voir, et je dois dire qu'il me reçut, mais ce fut pour m'opposer poliment un *non possumus*.

Donc, du côté de l'Institut, toutes les portes m'étaient fermées ; mais de ce jour aussi celles de la Société d'Acclimatation, à la tête de laquelle se trouve un délégué de l'Institut, m'étaient absolument ouvertes. J'ai dit, dans une lettre rendue publique, à M. Maurice Girard, que si j'y entrais, je me ménagerais une porte de sortie !

A cette heure, M. Maurice Girard doit me rendre sous ce rapport pleinement hommage ! Et pour lui prouver que je veux jusqu'au bout agir en grand seigneur, je déclare ici même qu'à dater de ce jour

(1) **M.** Bourdier lit une lettre émanant de l'Institut ainsi conçue :

« Monsieur,

« J'ai l'honneur de vous informer que l'Académie des sciences a, dans sa séance du 16 octobre 1876, pris connaissance de votre rapport concernant l'hybride sétifère que vous avez obtenu et auquel vous avez donné le nom de *Perny-Yama*. Elle en a renvoyé l'examen à sa commission entomologique.

« Agréez, etc.

« Signé : **Dumas.** »

je ne vendrai mes œufs Pernyi que par lots de mille œufs et à 12 francs le cent, mes œufs Yama-Maï par lots égaux à 10 francs le cent.

J'informe aussi mes futurs acheteurs que M. Maurice Girard est en possession de mes procédés et moyens, et qu'il laissera ces mêmes graines à *trois* et *cinq* francs le gramme.

... Je vois parmi mes honorables auditeurs des savants et des hommes de lettres; la presse de Paris m'avait d'avance accueilli en enfant prodigue qui revient après quatre années passées dans le silence de la campagne et de l'étude; j'ose demander aux uns comme aux autres de me prêter l'appui de leur puissant concours pour enfin forcer la main à MM. les hauts délégués de l'Académie.

Je sais que j'y compte un antagoniste puissant. Outre M. Maurice Girard, M. Pasteur, l'inventeur de la sélection microscopique contre la flacherie du Mori, *file aussi!* Mais si mes Attacus sont les ennemis personnels du ver à soie du mûrier, il peut y avoir place au soleil pour tout le monde, et M. Pasteur ne fermera pas plus longtemps, je l'espère, la porte agricole à mon insecte.

L'heure s'avance, Messieurs, et je n'abuserai pas plus longtemps de votre indulgence. — Quels que soient mes différends avec les personnalités que notre Académie des sciences, appréciant sans doute la haute valeur des faits signalés dans mon rapport, avait déléguées pour en connaître; quelque négligence que ces hommes spéciaux aient apportée dans l'examen de ce rapport qu'ils laissent depuis deux ans dormir dans la poussière, alors que notre industrie textile du Midi languit dans le marasme et se ruine, on me rendra du moins cette justice que ni dans cette enceinte, ni ailleurs, je n'ai jamais jeté la pierre au bombyx *Mori,* le protégé de M. Pasteur ; je me suis incliné devant ce sétifère que nos aïeux appelaient l'*insecte d'or,* et qui longtemps, je l'avoue, mérita ce glorieux titre.

Aujourd'hui, n'en déplaise à nos filateurs du Midi, n'en déplaise à M. Pasteur, le *Mori* doit pour jamais céder la place à l'*Attacus!* Hier encore, on ignorait les moyens mécaniques et les bains désagrégeants nécessaires pour tisser ces produits ; aujourd'hui, le dernier mot vient d'en être dit. Mais nos machines sont déposées en brevet et nos bains de bassines sont *inanalysables.* Quant à la puissance de nos procédés, ces écheveaux de soie, sous leur triple aspect industriel : *écrus, décreusés, teints,* en sont la preuve visible et palpable.

Je vous ai, je crois, prouvé dans cette audience la merveilleuse rusticité de ces insectes ; dans une seconde séance, vendredi, 22 courant, j'entrerai dans tous les détails de leur éducation agricole ; je passerai longuement en revue leurs produits industriels, et je me permets d'adresser, en terminant, une nouvelle invitation à ceux de mes honorables auditeurs qui sont à même de seconder mes efforts pour réserver à notre France, le monopole de cette immense et précieuse industrie.

PHYSIONOMIE DE LA SÉANCE.

M. Bourdier a été écouté avec le plus profond silence ; sur les premiers bancs, bon nombre d'auditeurs prenaient des notes. La conférence, commencée à huit heures et demie, durait encore à dix heures moins le quart ; sauf quelques murmures approbateurs, partant des bancs de la presse et du groupe d'amis que le conférencier avait conviés à cette séance, l'auditoire est jusqu'au bout resté froid et muet. **M.** Bourdier s'est retiré dans le cabinet du directeur, où ses amis et quelques représentants de la presse scientifique sont allés le rejoindre ; pas une seule marque de sympathie ou d'antipathie n'a accompagné sa sortie.

Mais sitôt son départ, de tous côtés les auditeurs sont accourus sur l'estrade, ont longuement examiné les écheveaux de soie qui se trouvaient sur la table. Les dames semblaient plus étonnées de voir à cette date du 10 février un rameau de chêne avec ses feuilles vertes que surprises d'y voir cramponnées des chenilles encore vivantes.

Le secrétaire de M. Bourdier et un contre-maître du filateur de ses produits ont, pièces en mains, convaincu chaque auditeur de l'immense avenir agricole et industriel du ver à soie sauvage, *Attacus* du chêne à gland.

C. L.

CONFÉRENCE DU 22 FÉVRIER 1878

ORDRE ET SOMMAIRE

1° Coup d'œil rétrospectif sur l'ensemble des matières qui ont fait l'objet de la première conférence.

2° Conférence spéciale sur le *Yama-Maï* du Japon et le *Pernyi* de la Chine.

3° La sériciculture du *Mori,* quant à présent, est ruineuse pour les éducateurs français. — Celle de ces insectes est essentiellement rustique et ne peut que les enrichir. — Nous sommes, en *Mori,* tributaires de l'étranger, et notre industrie lyonnaise ne peut se passer des soies et cocons de la Chine, de l'Indo-Chine et du Japon, qu'elle reçoit par pleins vaisseaux. — Nous avons, sur place, dans nos bois de chênes à gland, la matière première pour relever nos sériciculteurs et alimenter nos ateliers de tissage. — Extension indéfinie de notre fortune publique, qui ne sera plus, en cela, à la merci de ces contrées lointaines, car elles nous envoient en *Mori* des graines d'éducation qui ne sont, pour la plupart, que le produit des cocons dégénérés dont elles ne veulent plus se servir.

4° Exposé détaillé des moyens pratiques pour assurer la réussite dans l'éducation en France du *Yama-Maï* et du *Pernyi.* Méthode simple et rationnelle, ces insectes s'élevant d'eux-mêmes, en plein air, sur tous les chênes à gland de nos forêts.

5° La réussite de ces éducations dépend de la régénération des œufs. Productions d'œufs en *Pernyi* et en *Yama-Maï :* ŒUFS RÉGÉNÉRÉS, ŒUFS DÉGÉNÉRÉS, ŒUFS NULS.

6° Démonstration expérimentale de la parfaite filature des produits de ces insectes. — Préjugés industriels !... Comparaison de la soie du ver du *chêne* avec celle du ver du *mûrier.*

7° Par l'éducation généralisée en France de ces précieux insectes, nous avons une nouvelle source de fortune publique.

— La régénérescence des œufs, dont M. Bourdier détient le secret, forme la base de la réussite dans ces éducations. Il verra à s'en départir lorsque MM. les délégués de l'Académie des sciences auront statué définitivement sur les conclusions du rapport que l'Institut leur a remis à examen en date du 16 octobre 1876.

MESDAMES, MESSIEURS,

Je dois ce soir quelque peu revenir sur les matières qui faisaient l'objet de ma première conférence. Cette

séance, purement scientifique, devait être consacrée
à l'historique même de la question; réservant à
César ce qui doit revenir à César, je me suis longtemps arrêté aux noms des savants généreux qui
nous avaient dotés de ces nouveaux producteurs de
soie, et enfin, abordant une question alors beaucoup
plus délicate, puisqu'elle m'était personnelle, j'ai de
même défini l'insecte qui me doit son origine et que
j'ai qualifié du nom qui lui doit rester, de PERNY-
YAMA *de Montboyer!...* — Oh! je sais que beaucoup
revendiquent cette paternité! Je n'ai pas à les nom-
mer ici, car je les y vois tous! mais je leur pose
formellement trois questions : — Où sont à cette
heure vos *cocons,* vos *œufs,* vos papillons? — J'ai
montré des chenilles vivantes au 10 février 1878;
j'apporte aujourd'hui leurs cocons et les écheveaux
soyeux qu'on en a tissés... Les produits qui, jusqu'à
ce jour, m'ont été présentés comme émanant d'hy-
brides à base PERNYI mère et père YAMA-MAÏ sont
faux, je l'affirme, en principe et en fait! Que l'on
réfute par des preuves palpables mes déclarations
présentes, et d'où que viennent ces preuves, de
l'Institut ou d'ailleurs, je m'incline; mais jusque-là
j'ai le droit absolu de me dire l'unique et indiscutable
créateur de ce nouveau séricigène, et j'attendrai
aussi longtemps qu'il me plaira la complète confir-
mation de ce mérite, si mérite il y a...

Voyez, au surplus, Messieurs, si je me dérobe
devant mes détracteurs entomologiques. J'ai défini
par $A+B$, dans le rapport que MM. les hauts délégués ont eu sous les yeux, les procédés que j'avais
dû suivre pour obtenir cet insecte; ils croyaient, du

moins, que je m'étais entièrement livré. Je leur avais, sans nul doute, mis sous les yeux toutes pièces, tous documents, pour asseoir leur conviction; mais les œufs de mon insecte qu'ils ont eus en mains étaient dégénérés et, malgré leurs soins, ne leur ont pas donné un seul cocon; ils ont vécu juste le temps voulu pour bien démontrer aux délégués de l'Institut qu'il est des secrets que l'inventeur garde pour lui. Les cocons que j'ai dû leur envoyer avaient tous, sauf un seul, leur chrysalide morte.

Il fallait donc chercher une autre voie. On crut, du moins, que mon rapport me livrait pieds et poings liés dans la narration qu'il renfermait au sujet de l'accouplement primitif du père et de la mère. Ils m'ont acheté des œufs de l'insecte mère, des œufs de l'insecte père. Ils ne savaient même comment élever ces derniers; je leur ai, sur leur demande écrite, déduit par lettre les moindres détails de ces éducations... Je leur ai de même prédit en fin de compte, alors que de ce jour mes lettres sont restées sans réponse, je leur ai prédit qu'ils n'auraient pour récompenser leurs nouveaux efforts qu'un résultat négatif (1).

Que MM. les délégués veuillent donc bien une fois pour toutes avouer que s'il se trouve des Normands pour leur livrer des mules fécondes, dont ensuite ils exploitent pour leur compte la fécondité; que s'il y a eu à Paris même un pauvre préparateur de chimie dont le malheur a été de trouver le sulfo-carbonate phylloxérique en même temps que M. Dumas, les

____

(1) Numéro du journal *le Charentais* du 19 août 1877.

inventeurs français qui ont quelque souci de réserver pour eux le fruit de leurs études et de leurs veilles, prennent leur précaution s'ils se décident à faire profiter leur pays du bénéfice de leurs découvertes; et j'excuse d'avance les inventeurs qui s'adressent à l'étranger, car, en vérité, nos lois françaises ne les protégent pas assez contre les exploiteurs de tout acabit !...

Je tiens en mains un journal; mais ce journal représente l'expression et le texte d'une lettre écrite par moi à M. l'académicien Dumas, lettre rendue publique en date du 23 février 1877 (1).

J'en extrais les passages suivants :

Je désire réserver pour mon pays ce nouveau et puissant levier de fortune publique.

Étant donnés la crise que traverse notre industrie lyonnaise, grâce à *la flacherie* du *Mori*, et le désastre imminent dont le phylloxera menace notre agriculture, je crois que l'Académie des sciences aurait tout honneur et profit de porter son attention spéciale sur ce nouveau séricigène, plutôt que de prêter l'oreille aux discussions savantes mais stériles de **MM.** de Quatrefages et Pasteur.

Que nous importe, en effet, de savoir si la ruine de nos éducateurs du *Mori* se réfère *aux tuberculoses de la phthisie*, que **M.** Pasteur remarque chez notre insecte du mûrier, tandis que **M.** de Quatrefages y constate la présence du *typhus!* Malgré la passion que ces deux honorables immortels apportèrent dans le débat, et qui, au dire du *Journal officiel*, força le président de l'Académie à lever la séance, le remède, cette grave question tranchée, sera-t-il donc trouvé ?

Ce qu'il nous faut, ce sont des matières premières pour nos machines à tissage et de l'ouvrage pour les ouvriers que nos filatures occupent, et les discussions de **MM.** de Quatrefages

(1) Journal *le Charentais,* à Angoulème (Charente).

et Pasteur me rappellent ces deux médecins de la nouvelle école qui, en présence d'un épanchement interne apoplectique, discutent sur la progression du renouvellement du sang, au lieu de pratiquer au bras du moribond une large saignée.

Dans mon désir de donner à mon pays ce nouvel accroissement de fortune publique, j'attendrai patiemment jusqu'au 1er mai la décision de la commission à laquelle l'Académie des sciences, dans sa séance du 16 octobre 1876, a renvoyé l'examen de mon rapport.

Mais si, *à cette époque*, les choses sont dans l'état où je les trouve aujourd'hui, je *paverai* en juillet les sociétés savantes de l'Europe et de l'Amérique de 20,000 grammes de Perny-Yama de Montboyer, et, dans son humble sphère, ma conscience se dira : *L'Académie des sciences de mon pays l'a voulu !*

J'écris en ce sens au ministre de l'agriculture, M. Teisserenc de Bort, et je fais transmettre un double de cette lettre à MM. les présidents du Sénat et de la Chambre des députés.

Agréez, etc.

Gabriel BOURDIER,

Avocat.

J'ai vendu pour trois années le monopole agricole et industriel de ce ver à soie à des sériciculteurs étrangers, et je n'en recouvrerai la libre possession qu'au 1er mai 1880. — Jusqu'à cette époque, je n'en puis céder ni vendre un seul œuf, et mes correspondants cessionnaires en doivent exclusivement garder la graine pour leur entreprise privée industrielle.

Grâce à MM. les hauts délégués, nous en sommes réduits à nous souvenir de cet ancien proverbe : « Faute de grives on mange des merles... » Si le Perny-Yama s'en est allé momentanément de sa patrie naturelle, il nous reste, en effet, les produits agricoles et le monopole industriel de ses père et mère ; or, pour ceux-là mêmes, je reçus encore de l'étranger des offres considérables en date du 29 novembre dernier. (Je remarque en passant que l'étranger voit en cela sensiblement plus clair que nous ; et cependant nous avons des académies, des académiciens que l'étranger, dit-on, nous envie !)

Après d'actifs pourparlers, dans lesquels mes commettants m'accordaient tout, par crainte de ne rien avoir, je me mis en route, et au 4 janvier dernier, je passais par Paris, pour me bien renseigner sur la valeur morale de mes co-traitants d'outre-monts. — On est venu me chercher dans ma bourgade charentaise, sans cela, Messieurs, j'y serais encore, car le temps ne m'y dure pas, croyez-le bien ; au milieu de mes cinquante ou soixante mille élèves, les années sont pour moi des jours et les jours des minutes.

Or, à Paris, la question changea sensiblement de terrain ; les banquiers auxquels je m'adressai, les hommes d'État à la porte desquels je frappai en leur nom, plaidèrent auprès de moi la cause de ma patrie. — L'étranger, me dirent-ils, vous offre six millions pour fonder à Montboyer même une magnanerie modèle d'Attacus, une filature, des établissements de teinturerie et de fabrication d'étoffes ? — Si l'affaire est mûre à l'étranger, elle ne saurait tarder à l'être ici. Nous vous trouverons dix millions s'il le faut ; fournissez-nous une simple chose : il nous faut une base d'opération. Donnez-nous une attestation, sorte de procès-verbal scientifique émanant de quelques-unes des notabilités entomologiques de Paris et constatant les faits acquis, mais ne vendez

pas à l'étranger votre secret d'éducation, la France
un jour vous le reprocherait!

J'ai mis sous les yeux de mes honorables auditeurs
du 10 février toutes pièces probantes à cet égard;
mais je laisse à penser si MM. Pasteur, de Quatrefages et Dumas me fourniront cette attestation!...

... Eh bien! je dis ici à ces savants ce que je disais
aux hommes généreux qui m'ont retenu à Paris :
La France est pour trois années privée du Perny-
Yama; mais je lui réserverai malgré eux le PERNYI
et le YAMA-MAÏ.

Je ne crains ni les chimistes, ni les entomologistes.
Je dois au hasard seul la découverte de la régénération des œufs de ces séricigènes, et, mieux avisé
que certains inventeurs que je connais, je garderai
mon secret aussi longtemps qu'il me plaira. Si je n'ai
le concours de MM. de l'Institut, il me restera du
moins la publicité de ces séances. Les expériences
que je ferai faire sous vos yeux, expériences concluantes et absolues, seront mes meilleurs adjuvants;
car au-dessus des délégués du palais Mazarin, au-
dessus même des académies se trouvent le public et
la presse, et ceux-là, malgré leur haute situation,
sont, ainsi que moi, sous cette double dépendance.

Si donc au cours de cette conférence il m'arrive
de prononcer le nom de mon insecte de création, le
PERNY-YAMA *de Montboyer,* qu'il soit bien entre nous
convenu que ce ver à soie vraiment français, ainsi
que me l'écrivait en 1876 l'éminent M. Geoffroy Saint-
Hilaire, est bien en réalité exilé de sa patrie légi-
time, et cela, par la faute et le mauvais vouloir de
MM. les délégués de l'Académie des sciences!

J'entre, dès lors, dans les détails absolus d'éducation des Attacus Yama-Maï et Pernyi.

L'insecte sétifère japonais Yama-Maï est un insecte uni-voltin, c'est-à-dire ne pouvant fournir qu'une seule récolte par année; c'est un grain de blé qui peut donner une belle moisson, mais qui n'en peut donner qu'une.

Ses œufs doivent éclore du 20 au 25 avril, pas un jour plus tôt, pas un jour plus tard; on arrive à ce résultat en les exposant tout l'hiver au froid du vent du nord : tel serait le rebord d'une fenêtre, les persiennes constamment closes. Que l'hiver soit doux ou rigoureux, sec ou pluvieux, le résultat sera le même; les éclosions générales ne commenceront qu'au 20 avril, et seront terminées le 25.

Il importe pour l'éducateur de ne jamais toucher ses larves : *un ver touché du doigt est un ver mort!* On devra, vers le 10 avril, diviser ses œufs dans des boîtes analogues à *celle-ci* (1); on les fixera solidement au tronc de l'arbre d'éducation. Les petites chenilles, au sortir de l'œuf, passeront d'elles-mêmes au travers des trous latéraux de la boîte et se répandront dans le feuillage, à la recherche de leur nourriture. La boîte sera fermée à sa partie supérieure, pour éviter que la pluie en s'y introduisant ne compromette l'éclosion en submergeant les œufs.

Lorsque les chenilles seront dans l'arbre, l'éducateur devra se garder de toucher cet arbre. Les vents

---

(1) Le conférencier montre une boîte en sapin mesurant 15 centimètres en longueur, 10 en largeur, 7 de profondeur environ. Elle est percée sur les quatres faces latérales de petits trous d'un centimètre de diamètre.

les plus déchaînés ne leur font pas interrompre leur
repas, et le moindre attouchement fait à l'arbre, une
simple feuille que la main de l'homme viendrait à
cueillir ferait en même temps bouder des milliers de
chenilles; or, une chenille que l'on dérange de son
repas reste parfois des heures entières contractées,
ce qui retarde d'autant son éducation.

L'YAMA-MAÏ se nourrit exclusivement des feuilles
du chêne à gland; il n'est pas polyphage, ainsi que
plusieurs auteurs l'ont prétendu. On a pu, sans
doute, quand cette larve avait atteint une certaine
grosseur, lui donner une autre nourriture que celle
de la feuille de chêne; mais j'appelle polyphage une
chenille qui, depuis sa naissance jusqu'à sa transfor-
mation en insecte parfait, se peut nourrir de plusieurs végétaux. Or, ce n'est pas le cas pour l'YAMA-
MAÏ; je le maintiens envers et contre tous!

On a prétendu de même que cet insecte mangeait
aussi du chêne-vert; le fait m'a été récemment
affirmé. Je le voudrais pour la fortune agricole de
notre département du Vaucluse, où ce chêne se
trouve à profusion répandu, mais je n'ose l'espérer.
En tout cas, sous trois mois je serai à cet égard pleinement renseigné, et j'en ferai part à qui de droit.

Quant à présent, j'affirme que tous les chênes à
gland lui peuvent absolument convenir; et je ne
vais pas jusqu'à dire, ainsi que certains auteurs, que
telle ou telle variété de chêne influe en bien ou en
mal sur la qualité soyeuse de sa coque! Non : depuis
le chêne blanc pédonculé jusqu'au chêne noir sessi-
liflore, la qualité du fil Yama-Maï est la même, exactement la même.

Nos chênes à gland français sont variés à l'infini; mais on les peut classer en trois familles parfaitement distinctes : le chêne *blanc,* le chêne *bâtard,* le chêne *noir.*

Le chêne blanc se distingue à l'aspect de son écorce parfaitement lisse et de couleur *gris-cendré.*

Le chêne bâtard a l'écorce un peu moins unie, et elle tire sur le brun; mais sa feuille ressemble sensiblement à celle du chêne blanc. Elle est peut-être plus nutritive, et dans les troisième et quatrième âges l'Yama-Maï semble la préférer.

Le chêne noir a l'écorce rugueuse, écaillée, noirâtre d'aspect; la feuille en est d'un vert sombre et comme découpée à l'emporte-pièce.

Le chêne blanc prend ses feuilles printanières au 15 avril, comme date extrême; le chêne bâtard au 1er mai, le chêne noir au 15 mai.

Il importe, dès lors, de commencer sur chêne blanc l'éducation première du Yama-Maï, et, dans cette famille, la meilleure éclosion est encore celle qui se fait sur chêne pédonculé. Cet arbre est rare dans nos bois; je n'en ai que deux pieds dans ma plantation, mais le moindre arboriculteur en doit avoir pour transplantation. Il est de huit jours environ plus précoce que les autres chênes de la même famille. Une sorte de pédoncule vert se montre avant la feuille vers le 10 avril; l'Yama-Maï, au sortir de son œuf, s'accommode merveilleusement des sucs végétaux que renferme cette petite tige granulée. Mais, à son défaut, le chêne blanc dentelé *(quercus dentata),* dont les feuilles se développent au 15 avril, peut largement suffire comme arbre de première éducation.

Une plantation modèle devrait être composée de chênes de ces trois espèces par proportions égales; l'éducateur les ferait tous rabattre en têtards de trois à quatre mètres de hauteur. Les arbres doivent être isolés les uns des autres.

Dans la quinzaine qui suit la Toussaint, on les taille : on coupe les branches latérales sur quatre ou cinq œils, en ayant soin de laisser comme premier œil dormant de taille un bouton végétant qui soit en-dessous de la branche coupée; on coupe celle-ci à un ou deux centimètres de ce bouton végétant. L'arbre, dès lors, pousse l'année suivante en éventail, il a meilleur aspect, et de son côté l'YAMA-MAÏ, qui aspire toujours à monter aux extrémités des rameaux, s'accommode parfaitement de la direction que cette taille donne aux branches latérales de son arbre d'éducation.

Bien que nos arboriculteurs enseignent que le chêne ne se taille pas, je déclare que, soumis à la double action de la taille précitée et de l'éducation de cet insecte, le chêne accuse sous deux années une végétation tellement exubérante que l'éducateur se verra dans l'obligation de pratiquer une seconde taille annuelle vers le 15, 20 juillet, par exemple, sans cela sa plantation serait encombrée de branches végétantes de trois et quatre mètres chacune. Cette taille de juillet se fait sur huit, dix œils au moins.

Les œufs de ces insectes étant fort cher cotés (je ne parle que des bons œufs), il importe de prémunir les larves qui en sortent contre des ennemis nombreux et terribles.

Un local d'éducation irréprochable à mes yeux devrait être ainsi disposé :

1º Étant donné un hectare de chênes rabattus en têtards de 3, 4 mètres de hauteur (l'hectare mesure en superficie 10,000 mètres carrés), entourer ce local d'éducation de murs circulaires de neuf pieds de haut ; dépense........................ 5,000 f.

2º Recouvrir un vingtième de ce local de filets en fil galvanisé à mailles de 1 centimètre carré, le rendant indépendant du reste pour l'éclosion des jeunes chenilles, et aux fins, dans leurs trois premiers âges, de les garantir des guêpes, frelons, *odynérus,* etc., etc. ; dépense... 8,000

3º Recouvrir le reste du local de filets métalliques à mailles de 5 à 6 centimètres, aux fins de garantir les chenilles désormais trop grosses pour que les insectivores moyens les puissent dévorer, mais pouvant devenir la proie des pies, geais, grives, merles, etc. ; dépense.......... 13,500

TOTAL GÉNÉRAL....... 26,500

Cette dépense une fois faite, l'éducateur aura pendant vingt années un hectare de terre qui lui rapportera bon an mal an dix-huit et vingt mille francs de rentes.

Je viens de définir ce que doit être, à mes yeux, une plantation modèle d'éducation ; mais, Messieurs, je n'ai pas pour mon propre compte fait cette dépense. J'ai dans mon jardin fait transplanter en

1871 cent cinquante pieds de chênes enlevés de nos bois avec leurs racines. Ces jeunes arbres, dont j'ai rabattu la tête d'un coup de sécateur à 3^m 50 environ du sol, sont aujourd'hui soumis à une taille réglée qui leur donne trois mètres au moins de circonférence en feuillage. Ils peuvent chacun me nourrir trente vers à soie jusqu'au coconnage. Ils constituent mon local d'éducation modèle, celui que je fais surveiller d'un peu près. Le surplus de mes récoltes est abandonné au hasard dans trois chênes plusieurs fois séculaires qui sont à deux cents mètres de ma maison, et tout ce qui s'y trouve placé y est par moi soumis à la volonté de Dieu.

Or, voici comment je procède pour la conduite de ces éducations, dont le local y affecté n'occupe en place que le modique espace de 40 mètres carrés environ.

J'enferme pour mes éclosions trois de ces chênes dans une sorte de baraque faite de simples toiles dites d'emballage à 20 centimes le mètre. Sur l'un d'eux je fixe une boîte à éclosion précédemment décrite contenant mes œufs Yama-Maï; sur le second, une boîte d'œufs Pernyi; sur le troisième, mes œufs Perny-Yama. Pendant les deux premiers âges, un chêne de trois mètres de haut et de trois mètres de circonférence en feuillage peut nourrir quatre mille chenilles. Lorsqu'elles ont pour la seconde fois changé de peau, je coupe les brindilles où elles se trouvent toutes agglomérées, je dépose le tout dans des boîtes ouvertes, et je fixe ces dernières aux troncs des arbres de seconde éducation qui me doivent donner ma récolte en cocons. — Le lendemain, toutes mes chenilles sont disséminées dans ces nouveaux arbres… Ces chênes sont en plein air ; les vers à cet âge ne redoutent plus les petits insectivores, les plus terribles ennemis de leurs premiers âges ; et si parfois quelque pie ou quelque grive viennent à repâter à mes dépens, ce ne sont que des dégâts isolés qu'elles m'occasionnent : elles prennent un ver et s'en vont.

Bref, un seul domestique affecté à la conduite de cette modeste exploitation m'a cette année valu plus de dix mille francs de profit, et mon jardinier ne m'a pas autant rapporté.

Il est, en somme, de ces produits comme de toute récolte. Semez un grain de blé, et vous serez, comme les solitaires de l'île de Jules Verne, dans l'obligation de monter à ses côtés la garde jour et nuit ; semez vingt boisseaux de blé, et les granivores ne vous empêcheront pas de nourrir votre famille avec la récolte que vous en pourrez obtenir.

J'ai défini succinctement les principes d'éducation, je passe au grainage.

L'Yama-Maï vit à l'état de larve soixante et onze jours environ ; il tisse son cocon du 1er au 15 juillet. Les cocons doivent être cueillis quinze jours après leur confection. Là, s'offre une difficulté ; il n'a pas comme le PERNYI de simultanéité dans ses éclosions de papillons mâles ou femelles ; à température égale, le papillon mâle sortira avant le papillon femelle ; dès lors, au début, perte de mâles ; à la fin des éclosions, perte de femelles.

L'éducateur devra exposer les cocons femelles, qu'il reconnaîtra à leur grosseur et à leur poids (le cocon devant produire un papillon femelle est de beaucoup plus gros que celui devant produire un mâle, il pèse un bon tiers en plus), à l'abri d'un mur donnant au midi. Ces cocons ne devront point être soumis aux rayons solaires, mais exposés à une ombre chaude ; telle serait celle d'un appentis, d'un hangar, ou simplement d'une planche inclinée au-dessus des cocons, laissant l'air chaud caresser les cocons et les réchauffer doucement.

Si ces incubations tombaient dans des périodes de pluies, il faudrait employer le système de boîte à éclosion que je décrirai dans quelques instants en parlant du PERNYI. On maintiendrait à 20, 22 degrés constants la température intérieure de cette boîte.

On enfile les cocons par leur partie transversale, en ayant soin que le fil qui les réunira en chapelets ne prenne au plus que la bourre soyeuse qui entoure les coques. Le papillon sortira par l'une des extrémités longitudinales du cocon. Ses heures de sortie n'auront lieu qu'à partir du coucher du soleil jusqu'à ce que les dernières lueurs du crépuscule soient disparues du couchant.

On suspend en *demi-cercle* ces chapelets de *cocons* dans une boîte de sapin recouverte à sa partie supérieure d'un tulle marron, pour que les papillons ne puissent s'échapper. Si ce tulle est de couleur marron, c'est qu'il importe que le soleil ou la lumière du jour ne puissent incommoder ces insectes, qui sont de la famille des crépusculaires.

On fait de même pour les cocons mâles ; mais ces derniers, exposés aux vents du nord, ne doivent jamais voir le soleil. Il importe même que le vent chaud du midi ne les puisse trouver; on aura donc soin de les adosser à un large et haut mur donnant au nord.

On reconnaît le mâle à ses cornes ou antennes très plumacées et à son abdomen allongé, la femelle à ses cornes ou antennes très ténues et presque lisses et à son gros abdomen.

J'ai adopté pour grainage le manchon préconisé par M. de Chavannes. C'est le procédé le plus simple, c'est aussi le meilleur ; vous en avez sous les yeux le modèle (1)... J'en ai quinze cents environ; chacun d'eux me peut donner une moyenne de dix pontes. Voici comment je procède : je suspends *en plein air* mes manchons à une tringle de fer. Au fur et à mesure de mes éclosions de papillons, je place un couple seul dans chaque manchon. Quarante-huit heures après, l'accouplement a eu lieu. Je retire le vieux mâle et je mets dans le même manchon un nouveau couple ; celui-ci n'empêchera en aucune façon la ponte de la femelle fecondée... On doit se garder d'approcher la nuit des manchons d'accouplement. Le mâle YAMA-MAï, fort timide de sa nature, exige l'ombre et le silence; au moindre bruit que l'on ferait en s'approchant des manchons, il se désaccouplerait et ne se réaccouplerait plus. Vous voyez, dès lors, l'immense préjudice que pourrait causer à un éducateur la moindre visite nocturne faite par un curieux à ses manchons d'accouplement !

(1) Le conférencier tient en mains une sorte de manchon à anse fait en toile à jour de couleur marron; il est fermé de toutes parts, mesure en hauteur 20 centimètres environ, en largeur 15 centimètres. Deux cercles en acier, placés au haut et au bas, lui fixent la forme manchon ; deux galons à la partie supérieure forment anse pour le suspendre.

Les œufs YAMA-MAÏ doivent être retirés des manchons de ponte à la mi-octobre. Ils sont collés sur les parois latérales du manchon ; l'éducateur les en déprend avec l'ongle de l'index et les expose au vent du nord, où il passeront l'hiver.

Voilà pour l'YAMA-MAÏ.

… Les principes généraux que je viens d'exposer pour l'éducation de ce sétifère sont exactement les mêmes pour celle du PERNYI. Ce dernier insecte, toutefois, est bi-voltin de sa nature, et il doit sous nos latitudes fournir deux récoltes par année ; c'est à son éducateur à lui venir en aide sous ce rapport, car, livré à lui-même sous les conditions climatéririques de nos contrées, son éducation printanière venant trop tard à se produire, les froids de novembre anéantiront ses larves d'automne. Or, si mon PERNY-YAMA résiste à ces températures basses, la première gelée tue le Pernyi, fût-il à la veille du coconnage. Les pattes et crampons se gèlent ; il tombe de son arbre et n'y peut remonter. A simple titre de mémoire, je dirai que le Pernyi peut donner deux récoltes en France, Autriche, Piémont, Bavière, Hongrie ; il n'en donne qu'une seule en Angleterre, Suède, nord d'Allemagne, Moscovie ; il en donne trois dans certaines contrées de l'Amérique du Sud. Il lui faut toutefois une chaleur tempérée ; il ne saurait s'élever au Sénégal.

Ce ver à soie est un insecte *hivernant*, c'est-à-dire que la chrysalide intérieure du cocon d'automne restera dans sa coque tout l'hiver. Pour l'en faire sortir en temps voulu, l'éducateur devra dès le 15 mars soumettre à une température factice ces cocons à chrysalide vivante… A cet effet, il se fera construire une boîte en sapin proportionnée comme grandeur au nombre de cocons dont il voudra hâter l'éclosion. Pour mille cocons, une boîte de *deux* mètres de long sur 1 mètre de large avec 50 centimètres de profondeur intérieure sera suffisante. La fonçure inférieure sera faite d'une plaque de tôle fort mince ; à l'intérieur et au-dessous des cocons sera disposée, à deux pouces environ en hauteur de sa plaque inférieure, une seconde fonçure en filets métalliques à 2 centimètres de mailles, pour éviter que les papillons venant à quitter leur cocon quand leurs ailes se sont développées ne se brûlent les pattes sur la plaque de tôle, que des veilleuses placées au-dessous doivent réchauffer.

Les cocons, enfilés par leur partie transversale, pendent en chapelets dans l'intérieur de la boîte, et le tout devra être recouvert d'un voile de tulle pour que les papillons ne puissent s'envoler de la boîte et se perdre.

Ces papillons ont le vol très puissant, ils luttent de vitesse et d'adresse avec l'hirondelle ; mais l'oiseau doit finir par manger l'insecte, c'est la loi de la nature, et c'est ce qui arrive pour ces lépidoptères, comme pour toutes les autres familles d'insectes.

Des thermomètres appendus à l'intérieur fixent la température constante de la boîte.

Du 15 au 30 mars, cette température doit être jour et nuit de 15, 18 degrés centigrades ; du 1er au 15 avril, de 20 à 22 ; du 15 jusqu'à éclosion, de 22 à 25 degrés.

Les veilleuses doivent être alimentées avec de

l'huile d'œillette, qui ne donne pas d'odeur ; elles sont espacées sous la boîte pour que la plaque soit autant que possible uniformément chauffée dans toute son étendue ; on en augmente le nombre d'après les degrés que l'on veut obtenir et dont les thermomètres intérieurs sont les moniteurs indispensables. Cette boîte à éclosion devra être employée pour l'éclosion des papillons femelles YAMA-MAÏ dont j'ai parlé tout à l'heure, lorsque ces éclosions viendront à se produire dans des périodes sombres et pluvieuses.

A la différence du mâle YAMA-MAÏ, le mâle PERNYI est très effronté ; il s'accouple séance tenante, dans les doigts mêmes de l'éducateur ; il mourra même parfois à l'œuvre, et la ponte en pourrait valoir moins, vu l'affaiblissement qui s'ensuivrait pour la femelle, car seule elle supporte le mâle qui pend au-dessous d'elle et dans le vide (1)... (Je parle ici, Messieurs, un langage absolument scientifique, et je dois entrer dans ces détails pour les personnes intéressées qui prennent des notes.)... L'éducateur devra le lendemain de l'éclosion, sur les quatre, cinq heures du soir, séparer tous les couples qui ne seraient encore désunis. Pour ce faire, il saisira la femelle en passant le médium entre ses deux ailes et en saisissant vivement celles-ci de l'index et de l'annulaire qu'il appuiera contre le médium. Si le mâle n'est pas encore mort, dans la secousse que la femelle, surprise ainsi, se donnera, il tombera de lui-même. L'éducateur enlè-

(1) Quelques rires se produisent dans l'auditoire. Sentiments divers. Quelques dames se lèvent et se dirigent vers la porte de sortie.

vera ce dernier, et la femelle, qu'il remettra dans le manchon, commencera à pondre dès le lendemain. En procédant ainsi, l'éducateur ne se trouvera jamais en présence de mâles crevés; ce ne serait qu'au cas où il laisserait ses papillons pendant trois ou quatre jours accouplés que le fait précité pourrait se produire.

Toutefois, je dois signaler certaines surprises qui pourraient prendre au dépourvu l'éducateur dans ses débuts : il se pourrait que le mâle, même vivant, ne pût se séparer de la femelle à la suite des quelques secousses qu'elle se donne; l'éducateur, alors, de sa main libre prendra délicatement le mâle par les deux ailes, mouillera de salive le point de jonction des deux insectes, et sous une ou deux secousses les deux papillons seront séparés.

L'opérateur placera dans un manchon spécial et très vaste ses mâles ayant servi, car ils pourront resservir jusqu'à trois fois. (L'Yama-Maï ne peut guère féconder qu'une fois ou *deux*.) La nuit suivante, les mâles Pernyi pouvant resservir monteront à la couverture supérieure de leur manchon, et tant qu'ils y seront fixés, l'éducateur les pourra à coup sûr présenter à des femelles vierges. Les mâles qui sont cramponnés à mi-côte, sur les parois latérales de leurs manchons, sont *douteux ;* ceux qui sont au bas du manchon, bien que peut-être vivants encore, sont *nuls*.

Pour enlever les mâles ou femelles des boîtes à éclosion, l'éducateur devra prendre certaines précautions. Si les ailes ne sont pas encore bien développées, il présentera son index entre les six pattes du papillon ; celui-ci s'y cramponnera de lui-même, et l'éducateur le portera ainsi dans son manchon d'accouplement. Si les ailes sont entièrement développées, l'opérateur devra saisir ses insectes par celles-ci, car s'il employait la première méthode, les papillons s'envoleraient et iraient s'accoupler à un, deux ou trois kilomètres de leur local d'éducation.

... J'ai dit que le PERNYI était bi-voltin ; dès lors les couples de papillons hivernants venant à pondre au 20, 25 avril, on devra huit jours après la ponte enlever, avec l'ongle, les œufs des manchons d'accouplement ; puis, les mettant dans les petites boîtes à éclosion décrites pour YAMA-MAÏ, on fixera ces dernières aux arbres de première éducation, mis en baraque (1).

Ces œufs écloront à jour fixe, quinze, vingt jours après la ponte... Même procédé, dès lors, que pour l'Yama-Maï.

Cinquante et un jours environ après leur sortie de l'œuf, ces larves bi-voltines tisseront dans leur arbre de deuxième éducation les cocons dits printaniers.

On devra enlever des chênes ces cocons vingt jours après qu'ils auront été commencés ; on les enfilera en chapelets, et ils seront suspendus dans la boîte à éclosion précédemment décrite, mais cette dernière ne sera pas *chauffée ;* l'éducateur se contentera de l'exposer, contenant indifféremment les cocons mâles et femelles, à l'ombre chaude d'un mur donnant au midi.

(1) Quelques personnes qui étaient sorties de la salle rentrent et reprennent leur place.

Un mois après la confection de ce cocon printanier et, par le fait, dix jours après leur mise en boîte, ces chrysalides printanières sortiront de nouveau à papillon... On appliquera le même procédé de grainage précité; on sortira par les mêmes moyens que ci-devant ces nouveaux œufs des manchons d'accouplement dix jours après leur ponte; on les fixera dans leurs boîtes d'éclosion aux arbres de première éducation, et du 1er au 15 août nouvelle génération, dite génération d'automne.

Dans l'intervalle, les arbres défeuillés se seront entièrement recouverts de feuilles magnifiques qui viendront s'offrir en pâture à cette nouvelle génération.

Cinquante et un jours nouveaux d'existence, et au 15, 20 octobre au plus tard, nouveaux cocons dits hivernants.

Ces derniers pourront impunément rester tout l'hiver suspendus à leur arbre d'éducation, la chrysalide intérieure n'en sera que plus saine et plus robuste. Mais le fil du cocon pourrait s'avarier en restant pendant de longs mois exposé aux intempéries d'un hiver rigoureux; il vaut mieux, dès lors, cueillir les cocons vingt jours après leur confection et les exposer dans un grenier aéré. Les cocons que l'on voudra réserver à la filature devront, quinze jours après leur confection, séjourner pendant dix heures dans un four à 60, 70 degrés centigrades.

Je n'ai plus qu'une simple remarque à faire au sujet de ces insectes. Le Pernyi est absolument acclimaté; il s'accommode indifféremment de toutes nos variations de température. L'Yama-Maï exige de fréquents arrosages sitôt que le thermomètre accuse 30 degrés de chaleur.

Lorsque l'Yama-Maï s'agite en tous sens dans le feuillage, c'est que sa respiration cutanée, sous l'action d'une trop grande chaleur, se produit trop abondamment. L'éducateur doit à ce moment arroser ses arbres à chenilles aussi largement que possible. Une pompe à main remplira parfaitement le but ; mais le choix de l'eau à employer ne sera pas sans importance. L'eau provenant de sources à base calcaire est très mauvaise ; elle dépose, en séchant sur les feuilles, une poussière blanche qui pourrait rendre le vert malade. L'éducateur emploiera de l'eau de pluie, de l'eau provenant de source ferrugineuse ou, à ce défaut, de l'eau courante de rivière, mais point d'eau de puits.

Un éducateur qui aurait le temps d'exercer à l'égard de ses élèves les fonctions de médecin, devrait tous les matins, à neuf heures, faire sa visite sanitaire. Lorsque l'Yama-Maï est dans le quatrième, cinquième âge, il est parfois fort échauffé dans ses digestions ; on le voit même fréquemment se replier sur lui-même et de ses fortes mandibules venir en aide à son tube digestif, dont les contractions répétées ne peuvent rejeter au dehors ce qu'il a en trop assimilé dans le repas de la nuit. L'éducateur alors coupe la brindille où ces vers sont attablés, lui enlève avec des ciseaux les feuilles qu'elle peut encore avoir, et fixe vers et brindille à la branche d'un noisetier. Lorsque pendant un ou deux jours l'YAMA-MAï a mangé de cette nouvelle pâture, les digestions deviennent très faciles ; on le remet alors sur chêne.

Mais un trop long séjour sur noisetier produirait l'effet contraire chez l'Yama-Maï. Cet insecte, de vert d'eau qu'il doit être comme couleur, deviendrait vert *pâle,* presque *blanc, jaune,* contracterait un dévoiement continuel et crèverait.

... J'en ai fini, Messieurs, avec l'éducation pratique de ces insectes. Avant que d'entrer dans les considérations générales s'y référant, je vous demanderai quelques minutes de repos, et pendant ce temps je céderai à mon filateur mon tour de séance. Ses expériences vous démontreront comment par des moyens nouveaux nous filons ces produits ; vous apprécierez le brillant que nos procédés de teinture donnent à ces écheveaux, la finesse du fil de ces cocons, le velouté de leur aspect ; vous comparerez entre eux les écheveaux Pernyi, Yama-Maï, Perny-Yama, sous leurs trois aspects de travail : écheveaux *écrus, décreusés, teints ;* vous aurez sous vos yeux un des plus beaux écheveaux mûrier de nos produits lyonnais. Mon secrétaire vous mettra à même d'apprécier, à l'aide de ce microscope, les qualités des fils Attacus, en force, uniformité, brillant naturel et de main-d'œuvre ; et par comparaison avec cet écheveau mûrier, vous serez juges dans le grand différend qui s'élève entre nous et MM. les filateurs du Vivarais (1).

(1) Le conférencier s'assied ; un des garçons de service lui apporte un plateau et lui prépare un verre d'eau sucrée. M. Bourdier feuillette rapidement les notes et documents épars sur sa table. M. H. D..., représentant de M. Philisdor Robert de Montencamp, l'inventeur breveté d'une nouvelle fileuse pouvant filer 200 grammes de soie par jour, tandis que nos plus puissantes machines n'en peuvent fournir que 120, s'avance dans l'auditoire, tenant en mains trois cocons Yama-

... Vous avez vu, Messieurs, comment se dévidaient ces cocons ; ce sont à vrai dire, avec nos procédés *désagrégeants,* de véritables pelotons soyeux, et le fil mesure de treize à quatorze cents mètres en longueur. Je vais vous dire comment nos filateurs cotés en mûrier les apprécient.

Je tiens en mains une nouvelle lettre de la filature

Maï, Pernyi et Perny-Yama, imbibés des bains froids désagrégeants de M. Philisdor. Ce composé chimique, dans lequel trempent les cocons *Attacus* que l'ouvrière fileuse doit convertir en écheveaux, a le mérite d'être *inanalysable;* des expériences concluantes de chimistes autorisés sont venues affirmer une fois de plus que MM. Bourdier et Philisdor détiennent les secrets et moyens de cette industrie nouvelle.

Tout l'auditoire se lève et se dispute ces cocons, qui, entre les mains des dames comme des représentants en soieries, fournissent d'eux-mêmes des milliers de mètres de fil d'un seul tenant.

Une dame possédant dans le Vaucluse une filature en *Mori* de première marque, la baronne de P..., qui tient en mains un de ces cocons, veut sentir l'ingrédient qui les imbibe ; elle se met à rire en regardant M. D... : ces cocons étaient imbibés d'eau de Cologne.

Le représentant de M. Philisdor dit en riant à la baronne de P... : « Vous nous achèterez, Madame, ces bains désagré- « geants pour vos bassines de fileuse, et la vente que nous en « ferons par pleins barils ne constituera pas pour nous le « moindre de nos bénéfices. »

De son côté, le secrétaire de M. Bourdier soumet aux visiteurs les écheveaux de soie qui se trouvent sous verre et insérés dans un cadre-tableau qui ne renferme pas moins de dix-huit écheveaux, dont les teintes graduées depuis le blanc décreusé, le rose-groseille, le bleu de ciel, etc., etc., en arrivent au plus beau noir mate.

Les marchands de soie et teinturiers tiennent longtemps entre leurs mains ce tableau et demandent explications sur explications. M. Gustave Vinet, secrétaire du conférencier, qui a hâte de faire voir ce tableau à tout l'auditoire, leur dit « que sous un mois ils pourront le voir tout à leur aise à l'Ex- « position de Paris, où sa place est retenue DANS LE PAVILLON « MÊME DE L'INSECTOLOGIE DE LA SEINE. »

Le 14 mars, ce cadre, où toute la fortune d'un pays se trouve renfermée, partait pour Londres. M. John Carrington, l'émi-

Coren, l'une des meilleures marques de nos marchés séricicoles français, et j'y lis ce qui suit.

C'est mon PERNY-YAMA qui est en cause :

« Ces cocons-là ne se dévident pour ainsi dire pas ; c'est à
« grand'peine si, *après plusieurs battages répétés à différentes*
« *températures,* l'ouvrière a pu en tirer quelques fils pour vous
« donner une idée du genre de soie qu'ils produisent, cette
« soie filée au plus à deux cocons.

« Je vous envoie aussi un écheveau mûrier pour que vous
« puissiez vous-même comparer entre eux les produits de ces
« deux insectes, et j'attends votre appréciation.

« Nos belles récoltes de cocons jaunes du ver à soie mûrier
« nous sont enfin *revenues, et cela grâce aux recherches et à*
« *l'admirable découverte du savant M. Pasteur,* à l'égard duquel
« nous sommes loin de professer les mêmes sentiments que
« vous, et envers qui nos départements méridionaux ont con-
« tracté une immense dette de reconnaissance !

« Je regrette infiniment, Monsieur, de vous désillusionner
« sur le résultat final que vous produiront vos recherches.
« Les défauts du cocon que vous appelez PERNY-YAMA sont
« les suivants : tissu excessivement serré, en conséquence
« très dur à battre ; dévidant très mal, *peu fourni comme vrai*
« *fil, grossier* et *inégal...* »

Je n'ai pas à revenir sur les qualités de ce fil, Messieurs, vous avez vous-mêmes dévidé d'un seul

nent directeur du Royal Aquarium de Westminster, voulut bien en faveur de M. Bourdier faire fléchir le règlement. Tout exposant, en effet, qui voulait prendre part à cette exposition entomologique où le monde savant de la Grande-Bretagne avait tenu à honneur de produire, devait avoir envoyé ses cadres, tableaux, etc., le 7 mars au plus tard, à cinq heures du soir.

Le cadre de M. Bourdier est arrivé à l'Aquarium le 14, et le comité, dont les rapports étaient faits, voulut bien les rouvrir pour donner à MM. Bourdier et Philisdor Robert de Montencamp la mention honorable qui leur était due.

Il est dix heures trente-cinq minutes, le conférencier reprend la parole.

cocon *Perny-Yama* près de quinze cents mètres en longueur de vrai fil ; au microscope vous avez pu voir si ce fil était grossier et inégal ; votre appréciation saura quant à présent me suffire.

Pour ce qui est de la merveilleuse découverte de M. Pasteur, il faut lire ce dossier de lettres que je vous montre ; il faut prendre l'avis des éducateurs magnaniers, non pas celui des filateurs, de même que pour les sulfo-carbonates phylloxériques de M. Dumas il faut consulter le vigneron et non le marchand de vin.

Cette lettre, d'autre part, m'inspire cette double réflexion : ou nos filateurs lyonnais sont en vérité bien mal outillés (car ce soir vous avez été tous plus habiles filateurs que M. Coren), ou bien cet industriel sent le terrain se dérober absolument sous ses pas.

La vérité, la simple vérité que je découvre entre ces lignes, la voici :

Le filateur craint que le sériciculteur magnanier n'abandonne le *Mori* pour l'Attacus ; il redoute pour quelque temps la pénurie des marchés en matières textiles, ce qui à vrai dire serait la résultante obligée de cette subite volte-face d'éducation. Mieux vaut, dès lors, la ruine à long terme du magnanier de *Mori* que la perspective de ces quelques mois d'accalmie relative que les agents de filature ressentiraient dans leur trafic industriel.

Mais ces espérances seront vaines, car, je vous l'ai l'autre soir démontré, j'ai comme correspondants les plus grands sériciculteurs de Provence !

Les magnaniers entêtés qui luttent encore contre la flacherie ne croient plus, sans doute, au remède de *sélection Pasteur !* Ce remède académique est allé rejoindre son frère puîné, le sulfo-carbonate phylloxérique Dumas ! Mais il se fait adresser de la Chine et de l'Indo-Chine des cartons d'œufs d'éducation.

Or, je n'étonnerai personne en affirmant que ces graines sont mauvaises en tous points : nos agents français dans ces contrées lointaines ne peuvent contrôler ces millions de cartons qui nous en arrivent par pleins vaisseaux. C'est absolument le cas de dire que les bons emportent les mauvais. Les cartons d'examen ou d'échantillon sont sans doute parfaits, mais ceux qu'ils font passer sont exécrables !... Et c'est au surplus l'intérêt du Chinois d'en agir ainsi : il faut pour son commerce que dans nos pays on élève le *Mori !*

La bonne graine tient en haleine le magnanier français ; la mauvaise permet au Chinois d'expédier de là-bas les milliards de cocons dont chaque semaine le *Journal officiel* mentionne l'arrivée dans nos ports du Midi.

Or, voici le dessous des cartes : le Chinois régénère avec le ver à soie sauvage sa propre graine d'éducation et nous envoie dans une proportion de 75 pour cent sa graine dégénérée.

Les bons cartons que nous recevons d'eux ne sont expédiés que pour nous appâter ; voilà la vérité !...

... Mais je laisse à leur ruine les entêtés, et je reviens à l'Yama-Maï et au Pernyi. Ces insectes subissent cette loi commune aux quatre règnes à la fois, la *dégénérescence !...*

Une discussion approfondie de la matière nous

amènerait sans doute à retrouver cette ville romaine qui, du temps de Cicéron, ne comptait plus que des idiots parce que ses habitants s'obstinaient à se marier entre eux.

Mais que certaines personnes de mon auditoire se rassurent, je m'arrêterai cette fois à point sur ce nouveau terrain d'études ; ces considérations, au reste, sortiraient complétement de mon sujet.

Chez ces *Attacus* exotiques, la *dégénérescence* est d'autant plus rapide que leur acclimatation est moins complète ; et si par une simple *délocalisation* de quelques kilomètres que son vol puissant doit procurer à mon Perny-Yama, cet insecte peut lui-même suffire dans une certaine proportion à sa *régénérescence,* il faut à ses père et mère, l'Yama-Maï et le Pernyi, la main de l'homme.

J'ai renfermé dans *cette boîte* des échantillons d'œufs Yama-Maï et Pernyi à chacune de leurs périodes de dégénérescence, depuis l'œuf absolument *bon* jusqu'à l'œuf absolument *nul*. Avec cette loupe que je vous fais remettre, vous vous rendrez vous-mêmes compte des échecs inévitables et absolus que la science a dû subir jusqu'à ce jour sans sans douter (1) !

... Quoi qu'en aient dit nos savants, l'œuf Yama-Maï comme l'œuf Pernyi doit être exactement rond

(1) Le conférencier remet à son secrétaire une boîte dont l'intérieur est divisé en six compartiments. Dans trois cases se trouvent les œufs Yama-Maï : dans l'une d'elles, des œufs *parfaitement ovoïdes ;* dans la seconde, des œufs un peu *déprimés* au centre ; dans la troisième, des œufs *complétement aplatis.* — De même et par semblable aspect pour les trois cases affectées aux œufs Pernyi : œufs ronds, œufs déprimés, œufs aplatis.

et ovoïde. Tout œuf déprimé, si petite que soit cette *dépression,* est dégénéré, et la chenille qu'il renferme n'arrivera jamais au coconnage...

Oh! je sais qu'il y a sur ce sujet des théories fort ingénieuses! On prétend que si les œufs de ces insectes sont déprimés au centre, « c'est parce que « la nature, dans sa maternelle prévoyance, a voulu « éviter à la chenille intérieure d'être ballottée dans « son œuf pendant les transbordements de graines « industrielles!... » Et moi, je dis que si ces œufs sont déprimés, c'est que la chenille intérieure ne s'est pas suffisamment développée alors que sa coquille encore molle pouvait se prêter à son développement. Cette coquille en se desséchant a trouvé dans l'œuf un espace vide, elle s'en est emparée au détriment de la chenille *vivante* qu'il renferme. Je dis que cette chenille affaiblie en sortira *malade,* si toutefois elle en sort.

... Dans l'échange périodique que je pratique avec mes correspondants, j'accepte sans difficulté leurs œufs atteints d'un commencement de *dépression* (pourvu que ces œufs me soient adressés entre le trentième et le soixantième jour de leur ponte), la chenille à ce moment peut encore se régénérer. — En retour, je leur adresse en poids égal des œufs régénérés et ovoïdes. J'opère cet échange sur le pied de la plus parfaite égalité, sans retour de leur part comme sans profit pour moi; mais je refuse les œufs complétement déprimés, car ces œufs sont *nuls,* et avec rien je ne puis évidemment rien!

Quelques réflexions parties de certains des bancs de mes honorables auditeurs sont parvenues jusqu'à

moi. Il semblait étrange à la personne qui en faisait
la remarque que j'eusse pu consentir à laisser im-
primer sur mes affiches ces mots : CRÉATEUR DU
PERNY-YAMA DE MONTBOYER ! — L'homme, a-t-on dit,
TROUVE, mais ne CRÉE PAS. A ce compte, Messieurs,
j'irai plus loin et j'affirmerai que Dieu lui-même n'a
point CRÉÉ le monde, car la Génèse nous apprend
que l'Être-Suprême tira le monde du CHAOS.

MM. les délégués de l'Institut, sans doute, prieront
M. Cuvillier-Fleury d'insérer dans son dictionnaire
que Dieu n'a point CRÉÉ, mais qu'il a TROUVÉ le
monde !

Quant à moi, dans mon humble sphère, je dirai à
MM. les délégués des sciences : « *J'ai trouvé un
insecte soyeux dont vous ne sauriez nier la supériorité des produits ; cet insecte se reproduira de lui-
même aussi longtemps que je le voudrai, et cette
reproduction ne dépendra que de moi seul ! Je lui
ai donné le nom de* PERNY-YAMA ! *Je vous ai dit comment j'avais fait pour obtenir ce produit, et je
vous dis aujourd'hui que vous ne l'obtiendrez pas,
tout délégués de l'Institut que vous soyez !* »

J'en reviens à la *dégénérescence* des œufs YAMA-
MAÏ et PERNYI.

Grâce à ce secret de *régénérescence* que je possède,
et qui n'est pas à l'Institut, je puis savoir à un cocon près le succès industriel de mes correspondants
éducateurs. Mes livres, je vous l'assure, sont d'une
tenue merveilleuse à cet égard, et je sais que si je
régénère en 1878 mille œufs d'*uni-voltin*, je sais
que celui qui me les a envoyés n'aura pas en 1879
onze cents cocons à me vendre.

Ces produits, je vous l'affirme, n'iront que là où je voudrai qu'ils aillent ; or, tant que je pourrai suffire à leur écoulement, ils viendront chez moi !... Et puisque aussi bien MM. les industriels lyonnais prétendent que ces cocons sont infilables ; puisque, à leurs yeux, cette soie grossière est sans valeur, je fonderai plutôt des milliers de filatures que d'abandonner le monopole d'éducation que le hasard m'a mis entre les mains.

... Je n'ai plus, Messieurs, qu'un seul point à traiter : je tiens pour acquis que de tous les vers à soie sauvages connus, les Attacus YAMA-MAÏ, PERNYI et PERNY-YAMA de Montboyer sont seuls susceptibles, quant à présent du moins, d'acclimatation en France ; et outre que l'avenir peut nous dévoiler des mystères que je ne saurais prévoir, nos moyens de filature nous mettent à même, dès à présent, de tisser des cocons d'insectes innombrables et réputés jusqu'à ce jour infilables.

La légation du Brésil nous offre par pleins vaisseaux les *Attacus* PROMÉTHÉUS, POLYPHÉMUS, ASSAMENSIS, ATLAS, ROYLEI, CÉCROPIA.

Le général Faidherbe me dit que l'insecte auquel ses soldats sénégaliens ont donné son nom, le FAIDHERBIA, s'offre à moi par pleines forêts dans notre colonie africaine.

L'explorateur Caméron, enfin, de l'Amirauté anglaise, m'écrit, et voici sa lettre : « que des cocons, « précisément les mêmes que ceux dont nous faisons « de la soie, ont été par lui vus dans la contrée de « Baïlnada et Bihé, à deux cents milles anglais de « Benguella, et aussi à Urica. »

Il a marché pendant plus de quatre-vingts lieues dans des forêts qui étaient littéralement jonchées de ces coques soyeuses.

Nous irons, enfin, chercher jusque dans le fond de la Perse le cocon que voici et que vous allez toucher vous-mêmes (1). Ce cocon mesure comme longueur de fil trois mille mètres environ. Voici la soie qu'il donne (2)...

... Un simple mot, et j'ai fini. J'ai tout à l'heure remarqué que certains auditeurs tiendraient à voir filer sous leurs yeux ce cocon de Perse. Rien n'est plus facile, et votre curiosité sera sous ce rapport pleinement satisfaite (3)...

... Vous voyez, Messieurs, que sous le rapport industriel nous ne sommes pas à la merci ni sous la dépendance de la question agricole ! Aussi, à dater de ce jour, et pour répondre à MM. les délégués de notre grand corps scientifique, vendrai-je les œufs de mes insectes à leur quadruple poids du plus léger papier de banque.

Je n'ai donc plus qu'à remercier l'honorable et

(1) Le secrétaire du conférencier fait toucher aux auditeurs un cocon excessivement dur. Un certain air d'incrédulité se répand sur plusieurs visages ; un auditeur prétend que c'est un morceau d'écorce d'arbre.

(2) M. Bourdier fait remettre aux auditeurs un écheveau gris-cendré excessivement brillant.

(3) Le représentant de M. Philisdor promène dans l'auditoire un cocon identique et déroule sous les yeux de chacun des centaines de mètres de fil. Une dame, qui croit que Robert Houdin se mêle de la partie, veut tenir le cocon et tirer le fil. M. H. D... lui remet le tout en mains et lui dit d'approcher le cocon de son oreille. Le fil est si serré contre sa coque qu'en s'en détachant il produit un petit bruit sec. — Il chante ! s'écrie la dame stupéfaite.

nombreuse assistance de l'attention toute sympathique qu'elle a bien voulu m'accorder (1).

(1) M. Bourdier descend de l'estrade et regagne le salon du directeur. Des applaudissements enthousiastes se font entendre de toutes parts. Le directeur ramène M. Bourdier dans la salle de séance ; hommes et dames viennent serrer la main du conférencier et lui demandent s'il donnera d'autres conférences. Je l'ignore ! répond-il ; en tout cas, j'ai dit dans celles-ci tout ce que j'avais à dire.

Pendant ce temps les intéressés sont sur l'estrade à voir et toucher ce qui leur semble si nouveau, et MM. Vinet et H. D... ont toutes les peines du monde à empêcher que ce groupe d'admirateurs ne pille littéralement la table du conférencier.

Ainsi se termina cette seconde conférence sur le ver à soie du chêne ! Elle était cependant loin de promettre à ses débuts ce qu'elle devait tenir. Les affiches annonçaient cette conférence pour neuf heures ; le directeur et M. Bourdier se chauffaient ensemble dans le cabinet de la direction, attendant que la pendule directoriale marquât neuf heures. Tout à coup plusieurs amis de M. Bourdier vont le trouver et lui disent que la conférence promet d'être orageuse ; que ceux qu'il a pris à partie dans sa dernière séance sont là avec de volumineux dossiers, prêts à l'interrompre au moindre mot malsonnant pour eux.

M. Bourdier n'entra en séance qu'à neuf heures et demie. Grâce à son énergie du début, tous les dossiers heureusement sont peu à peu disparus, et la conférence devint bien vite, ce qu'elle devait être en somme pour tout homme impartial, une conférence du plus haut intérêt au point de vue économique de notre fortune publique.

A minuit seulement la salle de conférence devenait libre.

Le journal *le Propagateur de l'Industrie* publiait,
en date du 17 mars 1878, la lettre suivante :

Paris, le 17 mars 1878.

Monsieur le rédacteur en chef,

Je ne veux pas quitter Paris sans remercier votre journal
du puissant appui qu'il m'a prêté lors de mes deux conférences des 10 et 22 février dernier.

Comme je n'ai rien à cacher, puisque je tiens en mains, en
ce qui concerne une industrie puissante, la ruine ou la fortune
de mon pays, je demande à votre obligeance l'insertion de ces
quelques lignes, dont ma signature qui les suivra prendra toute
la responsabilité.

J'ai donné ces deux conférences sur l'invitation expresse de
MM. Gellinard, banquier à Paris; Mathieu-Bodet, Rouher.
Je cite ces noms, car cette initiative de leur part est tout en
leur honneur. — « Réservez à la France, me dirent-ils, ce
puissant monopole de fortune publique. »

Je fis venir à ces conférences, où la fortune de notre industrie textile lyonnaise jouait sa dernière carte, mon secrétaire
et mon filateur.

Au point de vue agricole, j'ai prouvé avec des pièces irréfutables que nous avions dans nos forêts de chênes à gland d'immenses ressources pécuniaires par l'éducation sauvage des vers à soie exotiques *Yama-Maï* et *Pernyi* et du ver à soie que j'ai créé, hybride fécondant que j'ai dénommé *Perny-Yama* de Montboyer.

Au point de vue industriel, j'ai fait filer sous les yeux de mes auditeurs les produits de quatorze types d'insectes sétifères de la Chine, de la Perse, de l'Amérique et du Brésil. Et parmi ces derniers, des types de cocons qui semblaient à nos industriels français absolument infilables, ont fourni sous leurs yeux trois mille mètres de fil d'un seul tenant et dont le titre est au-dessus de toute critique sous son triple aspect d'écheveaux ÉCRUS, DÉCREUSÉS, TEINTS.

Un société financière de Paris, ne voulant pas rester en arrière sur l'étranger, qui m'offre six millions pour fonder à Montboyer même une magnanerie agricole, une filature, des établissements de teinturerie et de fabrication d'étoffes, sous la double réserve que le monopole agricole et industriel lui sera acquis, m'a, sous les mêmes réserves, offert dix millions.

Mais ses administrateurs-gérants m'ont demandé comme condition préalable de me livrer à eux pieds et poings liés.

Je n'ai pas, quant à présent, l'intention de publier mon secret de régénérescence des œufs de ces vers à soie, et mon filateur gardera pour lui seul la combinaison chimique de ses bains froids dissolvants; nous connaissons l'un et l'autre le sort de l'inventeur qui se livre.

J'ai promis aux initiateurs de ces deux conférences de laisser à mon pays un mois de réflexion, je tiendrai ma parole; mais au 15 avril prochain je reprendrai, comme je le faisais au 4 janvier dernier, la route de l'étranger.

J'ai en mains la fortune du magnanier agriculteur français, dont le filateur de Mori lyonnais exploite la ruine; je rivaliserai avec l'industrie de Lyon par la beauté de mes produits, et j'aurai l'avantage du bon marché de mes étoffes. Si la France, qui déjà au siècle dernier a refusé le monopole de la compagnie générale des Indes, à laquelle l'Angleterre doit maintenant sa fortune, ne se hâte aujourd'hui de saisir ce nouveau monopole, l'Angleterre et le Brésil se l'adjugeront, et j'en tiens d'ores et déjà toutes preuves à la disposition de qui de droit.

Recevez, Monsieur, l'assurance de ma considération très distinguée.

Gabriel BOURDIER,

Avocat.

Avant que de quitter Paris, M. Bourdier était, en date du 28 mars 1878, reçu en audience spéciale au ministère de l'agriculture; le sous-gouverneur délégué à la direction de l'Exposition tint à honneur de prouver à M. Bourdier que le gouvernement français sentait tout le prix de l'immense monopole qu'il avait en mains.

— « Votre insecte, lui dit-il, sera placé dans la « section même de l'Insectologie de la Seine. Votre « *Perny - Yama* peut-il donc se plaindre du gouver- « nement français ? »

M. Bourdier comprit qu'en présence de l'immense révolution économique que l'*Attacus* va sous peu causer en Europe, il n'appartenait pas au gouvernement de la France de patronner une industrie qui doit en miner une autre.

Il revint à Montboyer, en laissant à ses ingénieurs et à ses banquiers de Paris le soin de réserver à la France l'absolu monopole d'une industrie que trois gouvernements étrangers lui demandent.

C L.